VOYAGES AGRICOLES

DANS

LE NORD ET LE CENTRE

DE LA FRANCE

EN 1865

PAR

LE COMTE CONRAD DE GOURCY

PARIS

Mme Ve BOUCHARD-HUZARD. | E. LACROIX
5, rue de l'Eperon. | 15, quai Malaquais.

1867.

VOYAGES AGRICOLES

ANGERS, IMP. P. LACHÈSE, BELLEUVRE ET DOLBEAU.

VOYAGES AGRICOLES

DANS

LE NORD ET LE CENTRE

DE LA FRANCE

EN 1865

PAR

LE COMTE CONRAD DE GOURCY

PARIS

Mᵐᵉ Vᵉ BOUCHARD-HUZARD. | E. LACROIX
5, rue de l'Eperon. | 15, quai Malaquais.

1867.

VOYAGE AGRICOLE

——

J'ai commencé mes visites agricoles de 1865, par me rendre le 8 mai chez M. Cerfberr, propriétaire de la terre d'Obervillers. Cette terre est située à dix kilomètres de la jolie petite ville de Sarrebourg, station du chemin de fer de Nancy à Strasbourg. La propriété de M. Cerfberr est dans une jolie position; elle regarde des collines couvertes de bois ou de villages dont les habitations sont entourées de vergers.

M. Cerfberr habite avec sa femme et sa mère une belle ferme, dont un côté forme un beau et commode chàlet; la propriété s'étend sur cent cinquante hectares : soixante-douze sont en bois, onze en prés nouvellement semés, avec des graines coûtant 60 fr. par hectares, chez Vilmorin, quatre en houblonnières, et soixante-deux en terres labourables à sous-sol plus ou moins pierreux.

M. Cerfberr cultive depuis huit ans, et a fait de grands travaux depuis lors ; ses vastes bâtiments logent en hiver, un millier de moutons à l'engrais; il n'en a que trois ou quatre cents en été. Ces bêtes lui donnent un produit brut de 10 fr. et le fumier. Sa vacherie ne contient que six bêtes de pays, pour avoir du lait, il n'élève pas ; il a six chevaux de luxe, et douze de travail. M. Cerfberr a drainé quarante hectares à dix mètres d'intervalle, les rigoles ont un mètre vingt de profondeur. Sa porcherie contient des hampshires, dont les petits se vendent bien dans le pays.

Il fait d'excellent fumier en faisant étendre celui des écuries et des vacheries, dans les bergeries où il se trouve accumulé à de certaines époques, à plus d'un mètre d'épaisseur, on l'arrose alors afin d'empêcher une trop grande fermentation, un tuyau amène dans chaque bergerie l'eau nécessaire à cet arrosage, ainsi qu'aux moutons. Ces bêtes qui ont un peu de sang dishley, donnent des toisons lavées à dos, du poids de trois à quatre livres vendues en moyenne 2 fr., les moutons gras ne se vendent que 23 à 24 fr., ils ne pèsent que quarante à quarante-cinq livres, viande nette.

Voici l'assolement de cette culture :

Première sole ; froment bleu semé en février ou mars, il ne gèle pas ainsi, et donne autant que celui semé en automne, c'est-à-dire de 23 à 25 hectolitres par hectare, il reçoit une fumure de 50 mille kilos ;

Deuxième sole, colzas repiqués mais non fumés, donnant environ 20 hectolitres ;

Troisième sole ; froment d'hiver avec vingt mètres cubes de résidus de prussiate de potasse, payés 9 fr. le mètre, rendu sur place ;

Quatrième sole ; trèfle recevant pareille dose de prussiate de potasse ;

Cinquième sole ; avoine ou pommes de terre, sans engrais ; l'avoine produit environ cinquante hectolitres, et les pommes de terre 250 hectolitres. On recommence ensuite l'assolement, en défonçant la terre à quarante centimètres de profondeur ; la charrue est alors attelée de six chevaux.

J'ai appris là, qu'on se sert ainsi qu'en Alsace pour

les moissons, de liens formés de tiges de houblon, conservées au grenier, on les trempe avant de les employer, leur longueur est de quatre pieds.

Pour planter ses houblonnières il y a quatre ans, M. Cerfberr a suivi d'abord l'ancienne culture de houblon, qui exige une dépense de 4,000 fr. de perches, pour quatre mille pieds de houblon par hectare ; il va maintenant employer la manière adoptée par M. Chattenman, excellent cultivateur et grand fabricant de produits chimiques, demeurant à Bouxvillers, à quinze kilomètres de Saverne ; dans ce genre de culture on ne se sert plus de ces petites perches, coûtant fort cher par suite de leur grand nombre, et ne durant pas longtemps.

M. Cerfberr a maintenant chez lui un homme de confiance de M. Chattenman, occupé à préparer de belles et fortes perches de sapin, qui ont dix mètres de longueur. La pointe étant coupée, on les pose debout le long d'un pignon, le pied plongé à 18 pouces de profondeur dans des baquets longs et solides, contenant de l'eau, dans laquelle on a fait dissoudre du vitriol bleue ou sulfate de cuivre, la dissolution doit peser un degré à l'aréomètre.

Ces perches restent ainsi pendant dix jours, afin de s'imbiber de liquide ; dans cet état, elles peuvent durer fort longtemps, lorsque la solution est montée jusqu'au haut des perches, on leur enlève l'écorce et on les enfonce dans des trous creusés à une profondeur de un mètre trente centimètres, et à dix mètres les uns des autres dans la ligne, on assujettit les perches avec des pierres, dans les trous, afin qu'elles soient bien solides, on pose ensuite un fil de fer du numéro 6, du haut d'une perche à l'autre, les lignes de perches sont séparées par deux mètres, les pieds de houblon sont plantés à tous les deux mètres dans la ligne ; au-dessus de chaque pied de houblon, une forte ficelle goudronnée est attachée au fil de fer par un crochet, et de l'autre bout elle est fixée à un piquet, enfoncé auprès de la plante de houblon.

Lorsqu'on veut récolter le houblon, on détache au moyen d'une gaule, le crochet du fil de fer, la ficelle goudronnée, le long de laquelle le houblon a grimpé, tombe sur le sol et on fait la récolte. M. Cerfberr, a cueilli l'an dernier, en moyenne, sur une plante de trois ans, trois cent soixante-quinze grammes, par pied de houblon, mais le plus ordinairement on compte sur cinq cents grammes par pied, ou deux mille kilos par hectare. Il a vendu sa première récolte 160 fr. les cinquante-deux kilos de houblon sec; mais le prix n'est pas toujours aussi élevé.

Il faut remarquer que les frais d'établissement d'une houblonnière, sont très-dispendieux. Le séchoir qui contient deux calorifères et des grillages en fil de fer, coûte, bâtiment compris, 26,000 fr. Un autre bâtiment qu'on va construire pour le même nsage, coûtera encore une dizaine de mille francs, quatre hectares plantés en houblon ont été défoncés à soixante-dix centimètres de profondeur dans un sol très-pierreux, ce qui a produit une immense quantité de pierres de grès, avec lesquelles on fait les chemins, la fumure de vingt mille kilos, revient tous les trois ans, le béchage d'un hectare coûte beaucoup; l'homme chargé de cette culture et son aide, gagnent sans être nourris 90 fr., et ils sont logés.

M. Cerfberr a acheté sa terre, de madame sa mère, à 1,000 fr. l'hectare, les bâtiments compris. M. Alphen, son beau-père, qui habite Paris l'hiver, voulant se fixer en été auprès de madame sa fille, a acheté de son gendre trente hectares de bois, à deux kilomètres d'Obervillers, il y a construit un beau château, il a un excellent jardinier, une belle serre, une grande basse-cour, garnie de belles volailles, malheureusement l'eau lui manque, les puits profonds qu'il a fait creuser, n'en fournissent que peu ; il m'a dit qu'il venait d'écrire à l'abbé Paramelle, il met à sa disposition 2,000 fr. s'il peut lui découvrir une bonne source, s'il ne réussit pas, il lui remboursera ses frais de voyage et l'emploi de son temps.

M. Alphen s'occupe de la création de fort beaux jardins, pour lesquels il n'épargne pas la dépense. M. Cerfberr vient d'essayer, à raison de quinze hectolitres par hectare, un engrais qu'un M. Laflièse, 35, cours Léopold, à Nancy, vend sous le nom de sulfate d'ammoniaque, à 2 fr. 40 l'hectolitre, pris chez lui. Le chaulage avec de la chaux non hydraulique, est des plus nécessaires à la terre d'Obervillers. Les domestiques de culture, que M. Cerfberr emploie, ont servi, en partie, à Grignon. M. Bella père, était d'une commune peu éloignée d'Obervillers, il faisait venir de ce pays, bon nombre de ses ouvriers de culture, et l'on m'a dit que M. son fils, le directeur actuel, continue à faire de même. Le maître valet a 50 fr. par mois, le premier laboureur 35 fr., le deuxième 30 fr., le troisième 25 fr., celui-ci est le fils d'un boulanger de Nancy, après trois années passées à la ferme-école de la Haye-Veau, dans les Vosges, chez M. Lequin, prime d'honneur de ce département. Ce jeune homme est venu chez M. Cerfberr, pour se perfectionner en agriculture, il s'exprime fort bien, et écrit de même, il a répondu à mes questions, sur le troupeau de bêtes à laine noire de M. Lequin, que ces brebis font, pour la plupart, deux portées par an, malgré cela, elles ont aussi des doubles portées, et même quelques unes, deux doubles portées par an ; c'est fort extraordinaire, il faudra que je fasse une visite à M. Lequin.

Ce jeune homme, passionné pour la culture est fort bien, quoique peu fort, je lui ai donné un de mes voyages agricoles.

M. Cerfberr a un excellent berger, qui en hiver n'a qu'un vieil ouvrier et une femme, pour l'aider à soigner mille moutons, il a en outre un jeune berger, lorsque les bêtes vont en pâture. J'ai oublié de le questionner sur leurs gages.

La nourriture des domestiques se compose en grande partie de soupe au lard avec légumes, deux fois par jour.

M. Cerfberr tire partie de quelques sources et des eaux de drainage, pour l'irrigation de ses prés, et il fait de bons chemins. Les dames ont érigé dans leur commune une salle d'asile qu'elles visitent souvent.

M. Cerfberr m'a fait reconduire à la station du chemin de fer, dans un excellent coupé, le temps était à l'orage.

J'ai pris à la station d'Avricour un nouveau chemin de fer, qui n'a qu'une paire de rails, il transporte en une heure, à Dieuze. On voit, par les tranchées récemment creusées à l'occasion de ce chemin de fer, que le sous-sol des environs de ces salines, est de formation de grès rouge, comme cela a lieu aussi, auprès d'autres salines, en Angleterre, dans le royaume de Wurtemberg; et enfin le long des fameuses salines de Stasfurt, près Magdeburg, dans la vieille Prusse, c'est à Stasfurt que le docteur Franc, chimiste distingué, a découvert, il y a quatre ou cinq ans, une couche de terre, de près de deux cents pieds d'épaisseur, qni contient en mélange avec d'autres substances et du sel, environ douze pour cent de chlorure de potasse, qu'il est parvenu à cristalliser. Il a construit alors, une fabrique de produits chimiques qui a si bien prospéré, qu'il s'en est formé une vingtaine d'autres, et toutes marchent, car la poudre à canon de toute l'Allemagne, se fait maintenant avec la potasse qu'elles fabriquent, d'un autre côté, on emploie avec succès pour l'agriculture le sulfate de potasse, qui provient aussi de cette fabrication.

Le docteur Vœlker, chimiste-consultant de la Société royale d'agriculture d'Angleterre, en lui rendant compte du voyage qu'il venait de faire à Stasfurt, pour se mettre au courant des découvertes du docteur Frank, a dit à cette Société, qu'il supposait qu'on pourrait trouver des dépôts de potasse dans les salines existant dans les formations du nouveau grès rouge.

J'ai visité, le lendemain, M. Pargon, qui a obtenu la prime d'honneur, lors du concours régional de la Meurthe, comme fermier de la grande ferme de Salival ; cette ferme est composée de trois cent trente hectares de terres fortes et en côtes ; il était arrivé de la veille, du concours de Besançon, où il a remporté, comme à son ordinaire, une foule de primes ; ses bêtes n'en étaient pas encore de retour ; j'ai vu, malgré cela, encore deux taureaux durham et plusieurs autres bêtes de cette race inappréciable pour le croisement et l'amélioration de nos diverses races de bêtes à cornes ; c'est ainsi que la race charolaise a été transformée en race nivernaise.

M. Pargon vend un grand nombre de jeunes taureaux croisés durham, et de jeunes béliers croisés, dishley ou southdown, aux fermiers de ses environs, qui ne veulent pas mettre le prix, aux bêtes anglaises de pure race. Ses écuries sont garnies d'environ quatre-vingt-dix chevaux ou poulains ; il possède six étalons dont un seul n'a pas été approuvé quoiqu'il m'ait paru beau, mais parce qu'il est gris ; le saut se paie 10 fr.; quelques-uns de ses étalons ont fait jusqu'à soixante-quinze saillies. M. Pargon loge douze familles employées aux travaux de sa ferme ; dix de ces familles ont chacune un hectare de vignes à cultiver. Ces gens sont, en partie, payés par les denrées nécessaires à leur consommation ; elles leur sont délivrées à prix fixe, quel qu'en soit le prix, au marché ; chaque famille a son jardin et un champ de pommes de terre, proportionné au nombre des enfants ; ces gens se trouvant bien rétribués, se conduisent et travaillent bien, afin d'être conservés. Les récoltes de la ferme de Salival sont belles; voilà seize ans que M. Pargon la cultive et la fume bien, et il vient, heureusement, d'en renouveler le bail pour douze ans, quatre ans avant sa fin; M. Dieudonné, le propriétaire, a si bien reconnu les immenses améliorations exécutées par son fermier, qu'il ne l'a pas augmenté; mais il n'a pas voulu lui accorder un bail de vingt ans qu'on lui demandait; il vient de faire construire de grands hangars, nécessaires à cette vaste culture, pour la dépense desquels M. Pargon paie cinq pour cent d'intérêt. J'ai admiré trois cent cinquante agneaux provenant des croisements de béliers dishley et southdown, avec des brebis du pays.

M. Pargon m'a dit obtenir des bouchers 70 centimes par livre de viande nette, provenant des jeunes bêtes grasses, n'ayant pas encore un an; ce qui produit une moyenne d'environ 30 fr. par tête de bête, privée de sa toison.

Les greniers de Salival sont pleins de fort beau froment, qui attend des prix plus élevés. M. Pargon comprenant toute l'importance d'un bon outillage, dans des temps où la main-d'œuvre est non-seulement fort chère, mais aussi très-rare, je lui ai conseillé d'acheter une des deux moissonneuses et faucheuses, les meilleures que j'aie vues : celle de Morgan et Seymour, construite par M. Philippe Durand à Lignière, département du Cher, ou celle de Mac-Cormick, perfectionnée, construite par la maison Albaret, rue Lafayette, à Paris; les deux machines n'ont besoin que du cocher, ayant un rateau automate; elles coupent jusqu'à cinq hectares de froment par jour; leur prix est de 900 fr.; elles ont concouru au concours régional d'Amiens; la première y a remporté le premier prix, et l'autre, le second.

M. Pargon cultive vingt-cinq hectares de betteraves

globe jaune, qui deviennent énormes et produisent plus du double des betteraves de Silésie, la double quantité de racines globes, à quatre pour cent d'alcool, produit donc plus d'esprit que la silésie, qui en donne cinq pour cent, et avec cela, elle fournit le double de résidus, qui sont d'une très-grande importance pour la nourriture du bétail et le fumier qui en résulte; sa distillerie est celle de Kessler.

M. Pargon, qui a maintenant seize ans de bail devant lui, aurait un immense avantage à avoir une charrue à vapeur de Fowler; cultivant trois cent trente hectares de terres fortes et en côtes, cela réduirait des deux tiers ses attelages qui sont presque toujours de huit chevaux par charrue. Ce serait une économie d'autant plus grande pour lui, qu'il a perdu, en deux années différentes, la plus grande partie de ses chevaux, par des maladies terribles. M. Pargon a un fils qui est sorti du collége, il y a déjà quelque temps; il aide son père, et devra un jour le remplacer. On lui a envoyé du ministère de l'agriculture, un jeune homme comme stagiaire; il a, en outre, un pensionnaire, qui veut devenir cultivateur.

M. Pargon m'a reconduit à Vic, où je suis monté dans une diligence qui m'a fait parcourir un pays très-riche, entre Dieuze et Nancy. Le lendemain, j'ai fait une visite à mon ancienne connaissance, M. Brice de Champigneul; c'est aussi un excellent cultivateur, qui est vice-président de la Société d'agriculture de Nancy. Il cultive depuis vingt-cinq ans une ferme de cent trente hectares, dont trente sont en prés; il a immensément amélioré cette propriété, à laquelle est jointe une forte chute d'eau, qui met en mouvement deux paires de meules, une sucrerie ou une distillerie, à volonté, suivant le prix de ces produits, sa machine à battre, le hache-paille, le coupe-racines, enfin une meule verticale pour décortiquer la graine de trèfle, tout cela est contenu dans un bâtiment éloigné d'environ cent mètres de la chute, et est mis en mouvement au moyen d'un petit câble en fil d'acier, qui fonctionne fort bien depuis cinq ans. Voici l'assolement des cent hectares de terre de sa ferme : vingt-cinq hectares en superbes luzernes, qui ne durent que quatre ou cinq ans; on en remplace une partie tous les ans; celles semées dans ses terres fortes ne durent que quatre ans, le sous-sol étant humide; mais elles sont si abondantes qu'il en a toujours quelques hectares de loués à l'année, à des nourrisseurs de Nancy, à raison de 500 fr. par hectare.

Il fume l'hectare pour racine, à 50 mille kilos, et ré-colte en moyenne cinquante mille kilos de betteraves; il a vingt-cinq hectares en froment, sans engrais, lui produisant en moyenne trente hectolitres, enfin, vingt-cinq hectares en avoine, après froment, lui donnent en moyenne cinquante hectolitres; ensuite, on recommence l'assolement.

M. Brice a loué pour longtemps les eaux ammoniacales du gazomètre de Nancy, distant de quatre kilomètres; il en met cent hectolitres par hectare, et est fort content de leur effet. Sa ferme contenant six hectares de terres sa-blonneuses, il a planté ce terrain en topinambours qu'on récolte, aussi bien que possible, à tout ramasser; on les replante tous les printemps; on les fume tous les deux ans comme les betteraves; les tubercules lui donnent un pour cent d'alcool de plus que les betteraves. Son chep-tel se compose d'une vingtaine de bons chevaux, et de jeunes bœufs, qu'il ne conserve que deux ans avant de les engraisser; il a jusqu'à cinquante bêtes à cornes à la fois, pour le lait, pour les engraisser ou pour le labour; son nombreux troupeau dishley mérinos lui complète une tête de gros bétail par hectare. Ses prés sont fertilisés avec des purins et des eaux ammoniacales.

Il serait à désirer que tous les fermiers lorrains cultivassent aussi bien que M. Brice ; au reste, j'ai ouï dire que la nombreuse famille des Brice fournit un bon nombre de bons cultivateurs ; M. Henriot, son beau-frère, qui occupe une fort belle ferme nouvellement cons-truite à Fronard, pour remplacer celle qui avait été dé-truite par le chemin de fer, est aussi un fort bon et grand fermier ; il a un grand nombre de vaches qu'il fait venir de Belgique, pour vendre leur lait à Nancy ; mais ses nombreuses bêtes à laine ne sont qu'un troupeau d'en-grais au lieu d'être des élèves, comme ce serait bien à désirer.

Je me suis rendu, le 28 mai, à Thyocourt pour passer deux jours chez le maire de cette ville, M. Rollet. C'est encore un excellent et grand cultivateur ; il a cent soixante-quinze hectares en terres ou prés, et trente-deux hectares de vignes des mieux soignées, et plantées seulement en pineau de Bourgogne ; l'admirable floraison de cette année, la gelée n'ayant pas sévi, comme cela n'arrive que trop souvent dans ces parages, lui promet, suivant toute apparence, une bonne et abondante ven-dange. M. Rollet a vingt-cinq hectares de magnifiques luzernes ; cette excellente plante fourragère est, cette an-née de toute beauté chez lui, tandis que les trèfles que j'ai aperçus sur ma route en venant ici, sont en pleine fleur et si petits, qu'ils ne sont réellement pas fauchables ; le peu de petits champs de luzernes, que j'ai vus aussi dans cette course de vingt kilomètres, sont partout très-beaux ; la luzerne se plaît mieux que le trèfle dans ces petites terres calcaires et pierreuses, où les froments ne parais-sent pas avoir trop souffert, jusqu'à cette heure, de l'ex-cessive sécheresse.

Les vingt-deux hectares de bons prés que M. Rollet possède sur les bords de la jolie rivière du Rudmas pro-duiront de cinq à six mille kilos de bons foins, qu'il ven-dra bien cher, cette année de sécheresse ; ses prairies ar-

tificielles sont si nombreuses, qu'il a toujours une année
de nourriture d'avance pour son nombreux bétail; ce
bétail consiste en plus de vingt chevaux, trente-cinq
bêtes à cornes de tout âge, en grande partie croisés
durham, et en trois cents bêtes à laine, de race charmoise. Les racines, et principalement les betteraves, entrent pour bonne part dans la consommation; les bêtes
mangent encore de ces racines à l'époque actuelle; d'excellents fermiers anglais donnent toute l'année une trentaine de litres de betteraves pulpées à leurs chevaux; c'est
excellent pour leur santé, et cela prévient, chez eux, bien
des maladies.

M. Rollet a depuis plusieurs années un excellent vacher
suisse, il a 400 fr. de gages fixes, les pourboire lors des
ventes, et dix pour cent des primes obtenues dans les concours, ce qui lui a valu plus de 200 fr. cette année, cet
homme sait si bien dresser ses bêtes, qu'elles lui obéissent
même lorsqu'il leur parle de l'autre bout de l'étable, en
les nommant par leur nom, il est très-économe, et ne
laisse pas gaspiller la moindre nourriture. Les bêtes
croisées durham, qui ne se trouvent pas pleines, s'engraissent avec la même nourriture que celle donnée aux
autres bêtes de l'étable, c'est la seule réponse à faire aux
nombreux détracteurs de cette race inappréciable. C'est
ainsi que je viens de lire dans le compte-rendu du concours régional de Chaumont, que les croisements par
taureaux durham, embellissaient infiniment les races françaises, mais les rendaient bien plus difficiles à nourrir.

Le berger allemand de M. Rollet, est aussi un homme
précieux, il dirige fort bien son beau troupeau; il n'a
que 300 fr.; il est nourri, sa famille est logée, et il a un
jardin.

Le berger a des pourboire, et aussi dix pour cent des
primes, mais celles-ci sont moins fructueuses que les
précédentes.

Au reste, M. Rollet a une dizaine de serviteurs de culture, qui sont chez lui depuis huit à dix ans, dont il se loue infiniment, on peut dire tels maîtres, tels domestiques.

M. Rollet habitant un grand vignoble, ne manque pas de main d'œuvre, et n'est pas obligé de la payer trop cher, sa moisson fauchée et liée, se paye 15 fr. par hectare.

Il a transformé depuis quatorze ans un coteau de près de huit hectares, crayeux et rempli de blocs de pierre, en bon bois, planté en épicéas, mélèzes, pins noirs d'Autriche et pins sylvestres, ce sont ces derniers qui viennent le moins bien, j'ai eu souvent dans mes voyages à faire cette remarque.

Je suis parti le 2 juin, à quatre heures du matin, de Pont-à-Mousson, pour Metz et la ville de Sarreguemines, où je suis arrivé à huit heures et demie, un cabriolet m'a conduit à la ferme de Crèmerich, demeure de M. Hourier, ancien élève de l'école centrale de Paris, qui, après avoir reçu ses diplômes, a pris le parti de devenir cultivateur. Il a acheté pour 80,000 fr. il y a dix-neuf ans, un bois de quatre-vingts hectares, qui venait d'être coupé à blanc étoc, il l'a défriché, en a drainé les parties humides, et a chaulé le tout à raison de dix mètres cubes par hectare. Il s'est fait construire pendant ces grands travaux, de bons et confortables bâtiments de ferme, où il loge, étant resté garçon. Cette propriété est située à huit kilomètres de Sarreguemines, où se trouve un régiment de dragons, dont il achète chaque année, pendant soixante-dix jours d'été, le fumier de trois cent cinquante chevaux, à raison de cinq centimes par cheval et par vingt-quatre heures, cela lui produit à peu près cinq cent mille kilos, revenant à 5 fr. les mille kilos, sans compter les frais de transport, qui sont coûteux, la route étant très-montueuse et pas très-bonne, M. Hourrier ajoute à ce fumier cinq ou six cents hectolitres de poudrette fabriquée à Metz, où elle est de bonne qualité. Les fermiers lorrains n'en étant pas encore venus à savoir débourser, pour se procurer des engrais du commerce, il s'ensuit que, de la chair de cheval et d'autres engrais, que le fabricant peut se procurer facilement, dans une ville de cinquante mille âmes, se rencontrent dans cette poudrette, en plus grande quantité que si le débit en était plus considérable.

L'hectolitre de poudrette ne revient, rendu à dix kilomètres de chez lui, qu'à 3 fr. 50, à cause de cette facilité de se procurer des engrais à très-bon compte, M. Hourrier n'a que cinq ou six vaches à lait, des cochons hampshire tirés de Grignon, douze chevaux et trois poulains; il a le soin de mélanger le fumier de cavalerie, avec celui de la ferme, en les mettant sur une plate forme en cercle, où on l'arrose souvent afin de l'empêcher de trop s'échauffer, il fait, après l'arrosage, trotter ses chevaux en rond sur le tas, avec ce soin il assure qu'il n'a pas à se plaindre de son fumier de cavalerie, comme cela a lieu lorsqu'on l'a laissé longtemps en tas où il se brûle. Voici sa manière de semer son colza, qui depuis fort longtemps lui réussit à merveille et que les fermiers, à plusieurs lieues à la ronde, ont adoptée.

Il mélange parfaitement ensemble six litres de graines de colza avec quinze hectolitres de tourteaux de colza bien pulvérisés, et quarante hectolitres de poudrette, ces cinquante-cinq hectolitres servent à ensemencer un hectare de terre bien labourée, en pleine jachère, bien hersée et roulée avec un pesant rouleau Crosskill, il fait ensuite passer le marqueur traçant cinq raies ou petites rigoles, chacune de ces raies est suivie par une fille, qui dépose à chaque soixante centimètres, une poignée de poudrette un peu humide, prise en plongeant les cinq doigts abaissés dans le panier contenant ce mélange, si on prenait une poignée ordinaire, l'engrais ne suffirait pas pour arriver à la fin de l'hectare.

Ce genre de semaille réussit parfaitement à M. Hourrier, et ses colzas sont fort beaux, tandis que presque tous ceux que j'ai vus sont en partie manqués ou au moins très-faibles ; il en récolte habituellement de vingt-cinq à trente hectolitres, et espère cette année obtenir ce dernier chiffre.

Cette semaille est faite sur une jachère complète ; la deuxième sole est donc colza, la troisième sole, froment avec vingt mille kilos de fumier, le produit ordinaire est vingt-cinq hectolitres, la quatrième sole, trèfle. Le plâtre n'y produisant aucun effet, j'ai conseillé la chaux qu'on emploie dans ce cas en Belgique, avec grand succès ; cinquième sole, fumure de cinquante mille kilos ; six hectares en pommes de terre et quatre hectares en betteraves globes ; sixième sole, grains d'hiver sur fumure de vingt-cinq mille kilos ; septième sole, fumée à cinquante mille kilos, huit hectares en pommes de terre chardon, qui se conservent bien pour la consommation tardive, et deux hectares en betteraves ; huitième sole, demi fumure pour grains d'hiver, et avoine pour les chevaux.

Les pommes de terre produisent en moyenne, deux cent cinquante hectolitres par hectare et se vendent à la garnison et en ville, de 5 à 6 fr. l'hectolitre. Les petites pommes de terre sont cuites pour le bétail.

M. Hourrier défonce la terre avant l'hiver, pour les récoltes sarclées, en mettant quatre chevaux à la charrue qui, dans les cultures ordinaires, n'en emploie que deux ; il herse les pommes de terre plusieurs fois après leur levée, afin de les tenir propres, et emploie plus tard la houe à cheval et le buttoir, aussi souvent que cela est utile.

Ni le phosphate de chaux fossile, ni les os, n'ont produit chez lui un effet sensible non plus que le plâtre.

M. Hourrier a semé comme essai du froment Hallett, qu'il tient de M. Villeroix. Ses terres argilo-siliceuses ont été chaulées il y a quinze et seize ans ; il ferait bien de leur donner une seconde dose de chaux. Ses récoltes sont toutes fort belles, à la suite de ces fortes fumures et de ces excellentes préparations de culture. Il a mis en pré un hectare qui reçoit les eaux de la cour, il a acheté un pré très-humide, là drainé, et il donne maintenant le double et de bien meilleur foin, que celui des prés voisins ; aussi commence-t-on à l'imiter sous ce rapport, comme sous bien d'autres, à suivre ses bons exemples, il est facile de remarquer que ses environs immédiats, sont mieux cultivés que plus loin. J'ai aperçu dans le hangar de sa ferme, un rouleau Crosskill et un scarificateur anglais de Colemann, avec les instruments Dombasle.

J'ai appris à Sarreguemines, où j'ai couché, qu'un chemin de fer venant de Sarrebruck à Sarreguemines, allait être terminé, il y joindra un autre chemin de fer qui s'achève aussi, et joindra la ligne de Metz à la station de Hombourg et passera par Sarreguemines, en se dirigeant sur Strasbourg.

La ville de Sarreguemines contient une immense fabrique de très-belle fayence, plusieurs fabriques de peluche, une fabrique de coffres-forts, une autre de café fait avec des racines de chicorée, et, principalement, de betteraves et de carottes, sans compter beaucoup d'autres moindres industries, auxquelles le voisinage des mines de charbon de terre a donné la vie. Je me suis rendu le lendemain à Saint-Avaud, et à deux lieues plus loin, chez M. Dor, lauréat de la prime d'honneur, lors du dernier concours régional de Metz.

M. Dor, jeune propriétaire, cultive cent hectares de pauvres sables, que M. son père a cherché à améliorer depuis longues années. Ce monsieur fait vingt-cinq hectares de pommes de terre, qui sont fort bien sarclées à la main

pour 61 fr. par hectare ; il leur consacre cinquante
mille kilos de fumier, amené, en partie, de Saint-Avaud,
où se trouve un détachement de cavalerie ; mais il y a
une demi-lieue de sables profonds à traverser avec ces
fumiers. Il a fait vingt hectares de prés qui, malheureusement, ne peuvent pas s'irriguer. Il essaie depuis
peu, si la luzerne pourra venir ; mais pour cela, il faudrait lui donner beaucoup d'engrais de diverses natures
et de la chaux ; le trèfle, mêlé de lupuline, y revient tous
les six ans, et la terre en est déjà lasse ; j'ai conseillé à
M. Dor de semer des lupins jaunes pour nourrir ses bêtes,
des lupins blancs pour fumure verte, de la grande spergule et de la serradelle pour les bêtes à l'engrais. M. Dor
m'a dit que la serradelle qui leur était arrivée depuis
quelques années, était cultivée avec succès dans leurs
environs, et que les pauvres habitants qui tiennent une
vache en font tous ; le bétail que M. Dor engraisse se
compose de pauvres petites vaches et de jeunes bêtes,
âgées de deux ans, achetées dans les prix d'une soixantaine
de fr. ; on les conserve un an ou quinze mois pour les mettre en état d'être tuées par des bouchers de petites villes.

Il a construit, il y a longtemps, une grande cave
pouvant contenir cinq mille hectolitres de pommes de
terre, qu'il distille. Il compte distiller, dorénavant, du
seigle en été, afin de pouvoir continuer l'engraissement durant toute l'année ; par suite, il augmentera
grandement la masse de ses engrais. Ses seigles ont
beaucoup souffert des mauvais temps en mars. M. Dor
a un petit troupeau de brebis ardennaises ; je lui ai
conseillé de leur donner un bélier southdown ; il a eu
l'air d'approuver mon conseil. Il trouve, dans une fabrique de la ville de Boulay, du prussiate de potasse,
à raison de 40 centimes l'hectolitre ; il en met cent-vingt
hectolitres par hectare, et en est fort content. Il trouve
aussi, dans une fabrique des environs, des os pulvérisés

qu'il paie 14 fr. les cent kilos; il en a acheté deux mille kilos cette année. M. Dor a été nommé trois fois membre du jury pour la visite des fermes qui sont sur les rangs pour obtenir la prime d'honneur et m'a dit que ces visites avaient été fort utiles à son instruction agricole. M. Dor a quarante ans, il me paraissait bien plus jeune; il a six enfants; je lui ai dit que, vu le chiffre de ses enfants, qui probablement augmentera, si j'étais à sa place, et si je pouvais bien vendre ma propriété, j'irais me fixer dans un des départements du centre, tels que le Cher, l'Indre, ou Indre-et-Loire; il y trouverait des terres, valant pour la culture, au moins le double des siennes, qu'il ne paierait que 4 ou 500 fr. par hectare, tandis qu'il pourrait tirer probablement le double des siennes; il m'a répondu que sa propriété pourrait se vendre 150,000 fr.; quant à mon conseil, il ne m'a pas semblé en être effrayé.

En retournant à Saint-Avaud, j'ai aperçu deux châteaux dont l'un était posé sur la pointe d'une colline fort élevée; il avait l'air d'être entouré de bois; l'autre, qui était fort grand et paraissait beau, était près de la ville; on m'a dit qu'ils n'étaient habités ni l'un ni l'autre. Dans ces environs, en allant du côté de la frontière prussienne, il existe une douzaine de concessions de mines à charbon de terre : l'une d'elles, près du village de Carlin, est en fonction; un autre puits est en construction près de là. En passant auprès d'une très-grande forge, propriété de M. de Wendel, qui se trouve entre la station de Forbach et celle de Saarbruck, on m'a fait remarquer une nouvelle station du chemin de fer, qu'on terminait pour ladite forge; un des voyageurs m'a appris que M. de Wendel venait de recommencer un nouveau puits, dont le creusement se fait aussi par percussion, comme celui qui n'avait pas réussi, il y a de cela une douzaine d'années; afin de n'être pas envahi par l'eau, comme alors, on garnit la fouille, au fur et à mesure, de tubes en fonte du diamètre de deux à trois mètres.

Je suis venu coucher à Saarbruck ; cette ville a pris une grande importance, par suite de ses très-nombreuses mines de houille ; des forges, et d'autres nombreuses usines, y sont attirées par le bon marché du combustible. La population de Saarbruck est maintenant de seize mille âmes, on y fait de nouvelles rues, bordées de belles constructions. Je suis reparti le lendemain matin, par le chemin de fer, qui m'a déposé à la station de Soulzbach, où m'attendait une voiture de M. Villeroy. La nombreuse population de ce pays, que je rencontrais sur mon chemin, endimanchée et se rendant aux églises, était vêtue fort proprement en noir, mais n'était rien moins que belle et n'avait pas bonne mine ; il parait que le métier de mineur n'est pas des plus sains ; le pays est très-accidenté, et les hauteurs sont couvertes des plus beaux bois de hêtre, qu'on puisse voir. J'ai traversé la grande commune de Saint-Jughert, faisant partie du royaume de Bavière ; il y a là aussi des mines de houille et de grandes forges, et il s'y trouve des familles industrielles très-riches.

Les terres de ces environs sont très-sablonneuses ; elles sont cultivées avec soin ; on y plante une immense quantité de pommes de terre, en lignes très-rapprochées ; on les cultive malgré cela, à la houe à cheval. J'ai aperçu des champs de garance. Étant arrivé au Rittershof, j'ai retrouvé avec bonheur, cet excellent M. Villeroy en bien meilleure santé que lors de mes dernières visites ; madame, qui va bien aussi, m'a accueilli avec sa bonté ordinaire. Je n'ai pas trouvé cette fois le jeune ménage ; mais j'ai eu l'avantage de faire la connaissance de M. de Jubécourt, gendre de M. Villeroy, dont le père était voisin et ami de mon père, lorsque nous habitions une terre, entre Metz et Verdun.

Ce monsieur a suivi les cours de l'École centrale de

Paris, et en est sorti comme ingénieur civil; il est maintenant directeur de la grande manufacture de fayence de Vaudrevenge, près de Sarrelouis; il a bien voulu m'engager à venir le voir à mon retour du concours de Cologne. La grande vacherie du Rittershof m'a paru bien moins belle, que lors de mes premières visites; cela tient à ce qu'on n'a pas renouvelé les taureaux durham, qui l'avaient rendue si belle; on les a remplacés, d'abord par des demi-sang; après, par des quart de sang, et ainsi de suite.

Le troupeau de trois cents têtes, croisé southdown, finira de même par se détériorer, ce qui serait grand dommage; on ne lui donne pas non plus de béliers southdown de pur sang.

Les plantations considérables faites par M. Villeroy sont très-belles; il a des mélèzes, des épicéas et de superbes pins, âgés de plus de quarante ans. J'ai admiré pour la cinquième fois chez lui des arbres de ces trois espèces, âgés de plus de quatre-vingts ans, qui sont d'une grande beauté; ils existaient sur cette belle propriété lorsqu'elle fut acquise par le père de M. Villeroy, en 1804; son étendue était alors de sept cents hectares, dont moitié a été malheureusment vendue pour 60,000 fr. Il y a été vendu depuis du bois pour trois fois autant d'argent que le prix de vente. Les vingt-cinq hectares de prés du Rittershoff, dont la plus grande partie a été formée par le propriétaire actuel, en assainissant des marais tourbeux, ont été aussi irrigués par lui.

J'ai quitté ces excellents amis, qui sont d'une branche de la famille des ducs de Villeroy, accompagné de M. Albert Lapointe, petit-fils et petit-neveu de deux colonels du temps de Napoléon Ier. Ce beau et bon jeune homme, qui a passé deux ans à l'École royale d'agriculture de Hohenheim, dans le Wurtemberg, ainsi qu'un an à l'Institut agricole de Versailles, était venu au-devant de moi chez M. Villeroy, qui nous a fait reconduire à la station de Soulzbach ; nous y montâmes dans un train express, venant de Luxembourg, par Trèves, Sarrelouis et Saarbruck. Ce train contenait quatre classes de wagons ; la dernière classe était destinée aux mineurs, qui rentraient à leurs puits le soir du lundi après la Pentecôte, après avoir été passer deux jours dans leurs familles. Nous avons quitté le soir à six heures et demie le chemin de fer à la petite station de Turkischmule ; on nous a dit que cent quarante mineurs y étaient venus prendre place pour retourner à leurs travaux ; nous avons trouvé là une voiture très-légère et un bon cheval, appartenant à M. Lapointe, qui nous a conduits en deux heures à son château, dans une terre de trois cent cinquante hectares venant de sa grand'mère maternelle. Elle fait partie d'une petite principauté, dont la petite ville de Saint-Wendel est le chef-lieu, qui appartient au duc d'Oldenbourg, elle en est cependant bien éloignée, et se trouve enfoncée dans des montagnes naturellement peu fertiles. Les villages y sont garnis de belles et grandes maisons qui annoncent de l'aisance. M. Lapointe père a habité cette terre, où je l'ai visité il y a fort longtemps, avant qu'il n'eût hérité de sa terre de Maizerai près Metz. Voilà huit ans que M. Albert Lapointe est à la tête de cette propriété, qni pourrait produire beaucoup, si l'on voulait y faire du moins les améliorations les plus essentielles; il faudrait chauler les terres, ce qui est facile et peu cher, puisqu'on trouve de la chaux à quatre lieues, à raison de 1 fr. l'hectolitre; la route pour la chercher est fort bien entretenue, quoique montueuse ; le premier essai de chaulage fait sur un champ de cinq hectares n'a coûté que 300 fr. pour la chaux, le transport en sus. Le seigle qui est dans ce champ produira le double des champs de seigle qui n'ont pas reçu de chaux.

Il y a sur cette propriété trente hectares de prés ; on aurait pu en faire un bien plus grand nombre, et les irriguer aussi ; on pourrait y défricher bien des bruyères et des terres vagues qni donneraient de fort belles récoltes de grains, de tubercules, de racines et de choux-vache, si on leur consacrait d'abord du phosphate de chaux fossile ; c'est l'engrais, pour les défrichements, le meilleur marché connu, puisque dix-huit cents kilos de cette poudre de pierre ne coûtent que 72 fr. pris sur place dans le département des Ardennes. On obtient avec cette minime dépense d'engrais quatre belles récoltes, sans compter une amélioration très-sensible de la terre pour bien des années encore, par la destruction de l'acide tanique qui s'y trouvait lors du défrichement. Les semis et plantations de bois, dans les plus mauvaises parties de la propriété, seraient aussi très-utiles, car les bois ont pris de la valeur depuis l'existence d'un chemin de fer dans le voisinage.

Il conviendrait aussi d'y semer des lupins à fleurs blanches pour fumures vertes, et des lupins à fleurs jaunes pour nourriture de bétail, d'été ou d'hiver ; ces plantes ont le grand mérite de produire beaucoup sur de très-pauvres terres ; elles permettent d'augmenter beaucoup le bétail, surtout les bêtes à laine, ce qui augmente infiniment l'engrais et par suite les produits et les revenus ; tout cela eût pu se faire en peu ou en beaucoup de temps, suivant le capital qu'on peut y consacrer annuellement. Malheureusement, la plus grande partie des propriétaires français ne craignent nullement les dépenses de luxe et d'agrément, mais reculent avec effroi devant toutes dépenses, appliquées aux améliorations de la terre.

M. Albert a deux cents brebis provenant du croisement d'un bélier southdown avec des brebis du pays ; ce croisement a été commencé il y a dix ans.

Il a des vaches du Glan avec un taureau qui a très-peu de sang durham; je l'ai engagé, ainsi que M. Villeroy, à visiter le comte d'Aspremont, au château de Haltine près de la ville et de la station d'Andène, à moitié chemin de Namur à Liége; ils verront là un taureau durham ramené, il y a une couple d'années d'Angleterre, où il a été payé je crois 5,000 f., et uné trentaine dé vaches durham de pure race; ils pourront s'y procurer de jeunes taureaux durham de pur sang, âgés de quelques mois, pour une couple de cent francs, cela pourrait leur créer de bonnes vacheries. M. Albert devrait se procurer de la suie dans les usines à grandes cheminées, et en essayer l'effet sur ses terres et ses prés; si une application de trente à quarante hectolitres de suie par hectare y produisait, comme j'en suis persuadé, de très-bons effets qui payeraient et au—delà, la dépense dès la première année, il pourrait faire la chose plus en grand. Les cendres lessivées qu'il pourrait se procurer chez les blanchisseuses des villes voisines, feraient à même dose, doubler le produit de ses prés.

M. Albert a eu la complaisance de me conduire chez un de ses cousins, qui habite à une vingtaine de kilomètres de chez lui. M. de Louisenthal possède une terre composée de plusieurs centaines d'hectares, dont moitié est en bons prés irrigués. Cette terre se trouve dans une charmante position, entourée de fertiles et vertes vallées, bordées par des coteaux couronnés par de beaux bois de hêtres; un de ces coteaux fort escarpé, est couronné par un vieux castel en ruines, qui était anciennement la résidence des seigneurs de Louisenthal.

M. Albert et moi, nous rejoignîmes le lendemain le chemin de fer, pour nous rendre par Creuznach, Bingen, Coblentz et Bonn, à Cologne, où se tenait un concours agricole international qui a été fort beau; il était placé en partie dans un superbe jardin, nommé *la Flora*, qu'une société de riches habitants a créé depuis quelques années, il s'y trouvait une grande serre, dans le genre de celle du jardin d'acclimatation de Paris.

Le catalogue du concours annonce la présence de douze cent quarante-cinq machines ou instruments agricoles, et six mille trois cents lots de produits de culture ; dans cette immense exposition, les machines anglaises avaient une telle supériorité, que les visiteurs agriculteurs qui ne devaient pas faire un long séjour à Cologne, ne pouvaient s'occuper que d'elles. La maison Ransomes et Sims, d'Ipswich comté de Suffolk, la plus considérable de ce genre de toute la Grande-Bretagne, exposait entre bien d'autres choses, une fort belle machine à battre locomobile, coûtant 3,750 fr., les accessoires de la batteuse revenaient à 500 fr., la machine à vapeur locomobile tout compris, se vend 7,020 fr. ; elle est de la force de dix chevaux. La machine qui élève la paille battue sur la meule vaut 900 fr., total 12,170 fr. C'est assurément une bien forte somme ; mais pour le cultivateur qui peut, sans se gêner, faire cette avance, il y a de l'avantage à la faire, si sa culture est d'environ deux cents hectares ; car une pareille machine bat en dix heures de temps employé, au moins cent hectolitres ; huit ou neuf hommes à leur tâche livrent à un prix de battage de 50 à 60 centimes, par hectolitre, ces cent hectolitres parfaitement nettoyés et prêts à pouvoir être employés comme semence ; la paille est mise en meule ; les menues pailles sont mises en bottes et les balles rangées ; tandis que les entrepreneurs de battage français rendent le grain si peu net, qu'il faut absolument le nettoyer ; ils ne rangent ni les pailles, ni les menues pailles et balles, et ils font payer 1 fr. 50 c. par hectolitre ce battage imparfait. La maison Hornsby, de Grantham, celle de Robey, celle de Garett et fils, de Saxmundham, exposaient aussi d'excellentes batteuses ; mais elles n'en donnaient pas le détail. La fameuse houe à cheval de Garett, avec laquelle on sarcle à la fois treize lignes de céréales, est une machine à citer pour son extrême utilité; cette maison exposait aussi une locomobile à vapeur, destinée à faire des transports sur route; on pouvait souvent voir au milieu même de l'exposition, avec quelle facilité cette locomobile évite les obstacles.

J'ai pu assister au labourage à vapeur de la charrue Fowler, mise en mouvement par deux locomobiles, chacune de dix chevaux de force; j'avais déjà vu fonctionner la même charrue, pendant mes deux derniers voyages en Grande-Bretagne, dans les années 1859 et 1862; mais elles étaient alors mises en mouvement par une seule locomobile de la force de quatorze chevaux; l'opération se faisait bien, mais elle se fait maintenant encore bien mieux et plus vite, depuis qu'on emploie deux locomobiles; son seul défaut est d'être fort chère, son prix est de 30,000 fr. Tous les assistants, à ce labour à vapeur, étaient dans l'admiration. Cet appareil peut labourer en dix heures, quatre hectares d'un sol pas trop fort; elle peut défoncer deux hectares à une profondeur de quarante centimètres, aussi en dix heures de travail. Cette maison construit aussi un cadre, maintenant une grande et forte herse, prenant d'un coup cinq pieds de largeur; on peut ainsi herser de douze à seize hectares par jour; ce même cadre peut aussi guider un rouleau Crosskill, ou un land-presser, espèce de rouleau qui trace des raies dans les sols trop légers, ce qui donne de la consistance à cette terre; on peut aussi adapter sur ce rouleau compresseur, un petit semoir qui sème en même temps les céréales en lignes; ce rouleau semoir coûte 250 fr. J'ai vu à ce concours, le semoir à engrais liquides de Chandlers et Richemond, qui permet de semer les récoltes sarclées à l'époque convenable, malgré la plus forte sécheresse; ce genre de semaille a non-seulement le mérite d'assurer une bonne levée des plantes, mais encore, de produire une récolte de moitié au moins supérieure, à celle semée avec un semoir à engrais pulvérulents. Les hache-paille de cette maison sont aussi des plus en vogue; son adresse est : Salford, près Manchester. Une autre maison très-estimée, est celle de Clayton et Shuttleworth de Lincoln. Samuelson de Bambury près Oxford, fait d'excellentes moissonneuses, une des siennes a remporté le premier prix à Cologne; les meilleures moissonneuses que je connaisse, d'après ma manière de voir, se trouvaient aussi à ce concours, mais elles n'y ont pas concouru; ce sont : celle de Morgau et Seymour, qui a remporté le premier prix au concours régional d'Amiens, et celle de Mac-Cormick, perfectionnée, qui a eu le second prix à ce même concours; ces deux machines venues d'Amérique, sont en même temps des faucheuses; leur prix est de 900 fr; la première est fabriquée à Lignières, département du Cher, par M. Philippe Durand; la seconde, par la maison Albaret, à Paris; elles n'ont besoin que du cocher et de deux chevaux, pour couper par jour jusqu'à cinq hectares si le temps est favorable. La meilleure faneuse de l'époque était aussi à Cologne; son fabricant est Robert Boby, à Bury Saint-Edmunds, comté de Suffolk; son prix est de 370 fr. L'ancienne maison de Crosskill, à Beverley, comté de Yorck, est également des plus recommandables pour toute espèce de machines, et particulièrement pour les machines à pulvériser les os et les coprolites; elle construit aussi de remarquables petits chemins de fer qu'on change de place; c'est une chose inappréciable, surtout pour les grandes cultures de betteraves à sucre; les chemins de fer portatifs facilitent leur rentrée par les temps humides, tout en empêchant la terre d'être abimée par le piétinement des attelages et le passage des roues.

Une machine peu chère, et des plus recommandables,

est celle destinée à peler les chaumes aussitôt que le troupeau les a parcourus à la suite des glaneurs; souvent cette opération ne peut plus se faire si elle a été remise, pour peu qu'il fasse sec; c'est pourtant le meilleur moyen de tenir les terres propres, car elle met les graines de mauvaises herbes dans les meilleures conditions pour germer, et le labour qui suit quelque temps après les détruit. Cette machine est fabriquée par Bentall, à Heybridge, près Maldon, Essex; son nom est Benthals Broadshare and subsoil Plough. Son prix est de 220 fr., pour les terres fortes, et de 180 à 200 fr. pour les terres peu difficiles à cultiver. Je recommande une excellente locomobile pour transporter de lourds fardeaux sur les routes, même lorsqu'elles montent d'un pied sur dix, elles peuvent traîner dix mille kilos avec une force de dix chevaux; cette locomobile, est celle d'Avelling et Porter, fabricants à Rochester, comté de Kent; son prix est de 10,500 fr.; les wagons à charbon qui suivent cette locomobile, coûtent 1,125 fr. Cette maison en a vendu un grand nombre; il en existe sur le continent plusieurs sortant de chez elle.

Une machine qu'il ne faut pas oublier de citer, est celle qu'on emploie à drainer les terres sans faire de rigoles, mais pour cela, il faut que le sous-sol soit une argile compacte et homogène; on peut s'abstenir alors d'y mettre des tuyaux, la pression opérée par le passage du soc de cette charrue, laisse un passage à l'eau qui permet de faire cette assez grande économie. Cette charrue a été aussi inventée par Fowler, et elle est fabriquée par sa maison, 28, Cornhill, à Londres.

Pour les personnes qui voudraient se procurer des machines agricoles anglaises, qu'elles n'auraient pu trouver dans les entrepôts de Paris, on peut s'adresser à M. Piednue jeune, cultivateur, 25, rue de la Halle-au-Blé, à Dieppe; il est chargé de la vente par la maison

Smith père et fils, de Peasenhall, Suffolk, Angleterre ;
ce sont des fabricants des semoirs les plus en usage ;
M. Piednue jeune, est aussi entrepositaire de tous les
instruments et machines d'agriculture, perfectionnés,
sortant des fabriques les plus renommées d'Angleterre.

Les semoirs à froment sont ordinairement de huit à
treize lignes, mais on en confectionne d'après commande,
qui vont jusqu'à vingt lignes ; j'en ai vu, ayant ce
nombre de lignes chez M. Vallerand, à Moufflaye près
Vic-sur-Aisne ; c'est un de nos cultivateurs les plus remarquables de France, j'en ai vu encore chez son gendre,
M. Cretel, à la grande ferme de Moranbeuf, non loin de
Soissons ; cette ferme contient plus de quatre cents hectares, d'excellentes terres, toutes défoncées à quarante
centimètres de profondeur, défoncement recommencé
tous les cinq ans chez ces MM., ils sont si contents de
leurs semoirs, qu'ils viennent d'en commander deux devant semer vingt-cinq lignes à la fois ; toutes leurs céréales sont semées en lignes. Les semoirs de MM. Smith, à
huit lignes, coûtent 640 fr., ceux à treize lignes, reviennent à 1,400 fr., je ne me souviens pas du prix de
ceux à vingt lignes.

Comme on n'exposait point de bétail au concours de
Cologne, je n'y suis resté que trois jours ; je ne dois pas
oublier de dire en terminant, que M. Proyard, grand
fermier à Hendecourt-les-Cagnicourt, et M. Porquet de
Bourbourg, l'un du département du Pas-de-Calais, et
l'autre de celui du Nord, avaient exposé chacun une vingtaine d'espèces des plus belles céréales que j'aie jamais
vues réunies.

On avait exposé une grande quantité d'échantillons de
divers sels de potasse, pour fumures, ils venaient des fabriques de produits chimiques des environs, des mines
de sel de Stasfurt près Magdeburg ; le chimiste, docteur
Franck, est l'inventeur de la méthode d'extraction des

chlorures de potasse, qui se trouvent dans une couche de terre d'environ deux cents pieds d'épaisseur, qui couvre la roche de sel presque pur, dont on connaît plus de mille pieds d'épaisseur; il ressort d'un rapport fait par ce chimiste, sur des essais de fumures dont on ne fait pas connaître la composition, mais auxquelles on avait ajouté pour 8 fr. 75 de sulfate de potasse par hectare, qu'un de ces essais avait produit huit cent trente-huit kilos de sucre de plus, que les betteraves venues dans un hectare voisin auquel on n'avait pas ajouté ce sulfate de potasse; dans trois autres essais comparatifs pareils, mais faits ailleurs, on avait obtenu dans le premier, trois cent cinquante-six kilos, dans le second, trois cent six kilos, et dans le troisième, deux cent soixante-dix kilos de sucre de plus, que dans un hectare voisin, qui n'avait pas reçu de sulfate de potasse. On assure aussi que le raisin, comme la betterave, est plus sucré, après avoir reçu du sulfate de potasse; les plantes qui en ont le plus besoin, après les deux précédentes, sont les pommes de terre, le tabac, le trèfle, les plantes légumineuses, les féveroles, les haricots, les pois, les lentilles, et enfin le colza.

M. Albert Lapointe est resté à Cologne; pour moi, je me suis rendu à Sarrelouis, et de là, à Vaudrevange, beau village où se trouve la grande manufacture de faïence et de porcelaine anglaise, propriété des familles Villeroy et de Gallau, qui y possèdent de très-belles habitations. Je suis descendu chez M. de Jubécourt, qui a été ainsi que Madame parfait pour moi.

Ils sont logés dans une très-belle maison, entourée d'un beau jardin; cette maison est destinée au directeur de cette vaste usine; M. de Jubécourt, après m'avoir fait visiter le matin sa fabrique, m'a présenté à M. et à Mme de Gallau; M. de Gallau m'a proposé de me conduire dans une propriété qu'il possède à deux lieues de Vaudrevange; il y avait construit anciennement une maison de chasse, car alors la chasse au marais, et sur deux cents hectares de terre et de bois y était très-belle; mais il s'est décidé, il y a quelques années, à drainer ce marais; il est transformé en prés, et en terres qui quoique encore qu'à moitié défrichées, donnent de fort belles récoltes; le fermier est logé dans une ancienne maison de maître; les bâtiments de ferme d'une grande étendue, mais en mauvais état, déplaisant à leur propriétaire, il s'est décidé à les détruire dès qu'il aura achevé la construction d'une grande ferme, toute en pierre de taille; comme ces bâtiments n'étaient que commencés, je n'ai pu bien les juger; on pense qu'ils coûteront 100,000 fr. M. de Gallau ne s'occupe plus depuis longtemps, d'industrie, et il a voulu se créer une occupation; son projet est d'y laisser l'ancien fermier, quoiqu'il le connaisse pour un fieffé routinier, mais il espère amener le fils de ce vieux fermier, qui est un peu mieux élevé, à bien cultiver en suivant ses instructions; il l'a placé en attendant, dans une école d'agriculture.

M. de Jubécourt m'a conduit en chemin de fer, chez M. Bock, propriétaire, et en même temps directeur de la très-belle manufacture de faïence de Metlach; cette manufacture occupe un ancien et superbe couvent, placé dans un délicieux vallon, entouré de jolies collines boisées; le vallon est traversé par la Sarre; M. Bock, beau-frère de MM. Villeroy et de Gallau, et leur associé, a transformé ce vallon en un fort beau parc à l'anglaise. Après déjeuner, ces dames ont voulu aller voir le travail d'une faucheuse et de son râteau à cheval, qui fonctionnaient fort bien; après avoir visité cette très-remarquable fabrique, qui occupe dans un véritable palais plus de six cents ouvriers à faire de très-belles choses, M. de Jubécourt m'a ramené pour me faire visiter une de mes anciennes connaissances, le fils de M. de Fellemberg de

Hofvill, près de Berne, où j'ai passé quelque temps en 1814 et 1815, avant les Cent-Jours, pour y apprendre l'agriculture. M. de Fellemberg suit les bons exemple que lui a donnés son père, qui a consacré toute sa vie à se rendre utile aux hommes, en les instruisant et en leur montrant une bonne culture. M. de Fellemberg occupe une jolie maison, dans un charmant vallon, arrosé par une petite rivière ; cette maison est située à un kilomètre de la petite ville de Merzig, et à deux stations de Sarrelouis ; il s'occupe de la culture de quinze hectares, dont la bonne partie a été payée jusqu'à 10,000 fr. par hectare ; il défonce les mauvaises terres à un mètre de profondeur ; il en extrait les pierres pour les employer à des constructions ; les cailloux servent à faire de bons chemins ; sa petite, mais excellente culture, sert d'exemple aux petits propriétaires qui l'entourent , à plusieurs lieues à la ronde, et qui, dans le commencement de son séjour parmi eux, n'avaient pas de confiance dans ses dires.

Il possédait alors, deux morceaux de mauvais prés marécageux, séparés par un communal tellement pauvre aussi, qu'on le lui loua à raison de 10 fr. par hectare, pour quinze ans ; après l'avoir bien drainé, ce qui coùta 200 fr. par hectare, il le laboura et lui fit produire d'excellentes récoltes de colza, de céréales et de trèfle, malgré les prédictions contraires des voisins ; ils assuraient qu'il aurait beau faire, qu'il ne parviendrait jamais à faire produire quelque chose à ce terrain.

M. de Fellemberg nous a fait voir sur un de ces trois hectares de mauvaises terres, défoncées à un mètre, une fort belle luzerne ; un carré n'avait pas été défoncé, afin de montrer l'effet de cette opération, à la vérité très-coùteuse, car la dépense a été de 1,200 fr. par hectare ; mais on transforme ainsi une terre à peu près improductive, en un excellent fonds ; la luzerne, sur la partie non défoncée, était mourante et n'avait jamais été bonne. Il faut remarquer, que la terre, une fois défoncée, en la mélangeant bien, après l'avoir bien chaulée et fumée, peut se vendre de 8 à 10,000 fr., au lieu de 2,000 qu'elle valait ; aussi, projette-t-il de défoncer toutes ses terres médiocres. Toutes les fois que M. de Fellemberg plante un arbre, le trou est défoncé à un mètre et sur une toise carrée ; aussi, viennent-ils admirablement. M. de Fellemberg a construit une tuilerie, pour fabriquer des tuyaux de drainage d'une manière perfectionnée ; ils s'emboitent les uns dans les autres, ce qui évite l'emploi des manchons ; cette petite tuilerie facilite le drainage aux petits propriétaires de ces environs, pratique qui devient, chaque année, plus en usage.

M. de Fellemberg s'est fixé dans ce pays, en se mariant il y a une trentaine d'années ; il s'y est toujours occupé depuis lors, de l'éducation agricole des paysans de ses environs, on peut même ajouter de toute la Prusse Rhénane ; car il a formé à Merzig une espèce de comice agricole qui se réunit à tour de rôle dans chacun des villages qui en font partie. M. de Fellemberg préside habituellement ces réunions ; il publie un petit journal agricole qui tient chacun au courant de tout ce qu'il y a d'utile et de pratique en bonne agriculture ; il compose de petits traités qui sont à la portée de tous. Il a fait imprimer une table partagée en quatre parties et en un grand nombre de colonnes ; dans la première partie, on peut voir combien chacune des récoltes moyennes, des cultures habituelles, enlève à la terre, d'azote et de sulfate de potasse.

La seconde table contient des colonnes qui indiquent combien il faut de kilos des divers engrais du commerce, qu'on peut se procurer dans les villes voisines, pour remplacer les engrais enlevés par les récoltes ; la somme d'argent nécessaire pour les payer est marquée à côté.

La troisième table indique la quantité de fumier et d'engrais du commerce, à mêler ensemble et à employer, pour prévenir la détérioration de la terre qui vient de produire.

La quatrième table donne l'ensemble d'un assolement avec l'application des qualités d'engrais dont je donne ici la copie.

Voici l'exemple d'un assolement de six ans, avec indication de la quantité d'engrais à mettre par hectare, pour en maintenir la fertilité, et indication de la dépense à faire pour acheter ces engrais :

PRODUITS DE LA RÉCOLTE.	FUMIER.		OS PULVÉRISÉS.		SULFATE DE POTASSE.	
	Poids.	Valeur.	Poids.	Valeur.	Poids.	Valeur.
1re SOLE.	q. m.	fr. c.	kil.	fr. c.	kil.	fr. c.
Pommes de terre, 20,000 k.	90	90 »	72	15 30	275	24 »
2e SOLE. (Destinée à la consommation des chevaux.) Avoine et orge mêlés ensemble pour obtenir plus de poids : Grains, 2,000 k. Paille, 2,160 k	41	41 »	50	10 60	165	14 »
3e SOLE. Trèfle, fourrage sec, 10,000 k.	110	110 »	88	18 75	1160	102 »
4e SOLE. Grains d'hiver : Grains, 1,950 k. Paille, 4,000 k.	55	55 »	76	16 »	220	19 25
5e SOLE. Betteraves : Racines, 60,000 k. Feuilles, 16,000 k.	125	125 »	100	21 25	430	37 75
6e SOLE. Grains : Grains, 1,600 k. Paille, 2,400 k.	40	40 »	60	12 75	240	21 »
TOTAUX....	461	461 »	446	94 65	2490	218 »

Il ressort de ce tableau, que 461 quintaux métriques
de fumier valant. . . . . 461 fr. »
446 kilos d'os pulvérisés, coûtant. . . 94 65
2,490 kilos de sulfate de potasse, coûtant. 218 »

Total. . . . . . . 773 fr. 65

dont 312 fr. 65 seulement, déboursés, ont donné de
bonnes récoltes et maintenu la fertilité du sol.

Voici la manière de soigner le fumier, indiquée dans
les écrits de M. de Fellemberg.

Il estime les cent kilos de fumier à 1 fr.; pour qu'il
ait cette valeur, il aura dû être traité de la manière suivante : il doit avoir eu de la paille pour litière ; toutes
les fois qu'on l'enlève de dessous le bétail, il doit être
étendu par couches égales, puis tassé par le piétinement;
alors il faut saupoudrer le tas de fumier avec du plâtre,
pour qu'il devienne bien blanc, puis il faut l'arroser
avec le jus qui doit être rassemblé dans une citerne ou
purinière à côté du tas de fumier ; l'arrosage doit être
assez abondant pour que le jus s'en écoule quand on
marche sur le fumier. Il est à désirer qu'il soit couvert ;
mais si cela ne se peut pas, il vaut mieux qu'il soit placé
à l'ombre. Il faut ne l'employer, pour bien faire, qu'après
six semaines de fermentation ; mille kilos de fumier traité
ainsi contiennent quatre kilos d'azote et deux kilos de
sulfate de potasse. Le fumier conservé en tas, à l'air,
pèsera le double du poids de la nourriture sèche et de la
paille mise en litière ; si le fumier est tenu sous un toit,
il pèsera deux fois et demie la nourriture sèche et la litière consommée, car il n'aura été ni desséché par le soleil, ni lessivé par la pluie.

Beaucoup de petits propriétaires cultivateurs de la
Prusse rhénane font partie des comices ou sociétés agricoles ; la souscription ne coûte que 3 fr. 75, et on reçoit
un journal mensuel ; dans les communes où les membres

de ces sociétés sont assez nombreux , ils se réunissent dans une auberge où une pièce qu'on nomme Casino leur est consacrée. Leurs réunions ont lieu à jour fixe ; on parle de culture en buvant un verre de bière ; ces sociétés s'arrangent avec des professeurs d'agriculture ambulants, qui viennent leur faire des leçons dans leurs réunions, et même dans les champs ; ces professeurs, au nombre desquels est un docteur Schneider, sont assez bien rétribués, de 15 à 18 fr. par journée ; ce dernier professeur passe pour répandre dans ce pays d'excellentes notions agricoles ; M. de Fellemberg m'en a fait l'éloge.

Le train du chemin de fer est venu nous séparer de cet homme qui s'est dévoué à l'instruction agricole des petits cultivateurs de ce pays ; ils lui sont attachés et ils ont confiance en lui.

M. de Jubécourt m'a quitté à Sarrelouis et je suis rentré en France, pour coucher à Fauquemont ; je voulais faire le lendemain une visite à MM. Curé-Spol, deux frères qui étaient allés, en 1862, visiter l'exposition de Londres ; à la même époque, nous faisions, M. Lapointe et moi, une visite à Monsieur leur père, qui administrait si habilement son grand étang de Bichwald, et qui est mort, encore jeune, depuis lors.

MM. Curé-Spol ont loué de Monsieur leur père, en 1860, je crois, de beaux bâtiments de ferme, avec cent-vingt hectares, dont moitié dans son grand étang, qui a plus de deux cents hectares de superficie, presque tous de la plus haute fertilité ; ils ont l'intention de ne pas se marier, et d'administrer ensemble cette grande propriété ; ils sont persuadés qu'une fois mariés, leurs femmes ne voudraient pas rester dans un pays peu peuplé, où elles manqueraient absolument de société.

Les moins bonnes terres de ce vaste étang sont louées 60 fr. par hectare, et les autres de 100 à 200 fr. ; après

le déjeuner nous avons visité cette remarquable terre.
J'ai eu, tout le temps de ma visite, à y admirer des récoltes de printemps, comme on n'en voit nulle part
ailleurs, car ces Messieurs ont continué à administrer
leur étang, en suivant la méthode que leur père avait si
bien imaginée et établie.

M. Curé-Spol louait à condition qu'on n'entrerait en
jouissance qu'au printemps, et que tous les produits seraient enlevés pour le 1er octobre, époque où il laissait
remplir l'étang par les eaux de pluie, arrivant d'un vaste
plateau de bonnes terres, peuplé de plusieurs assez grandes communes. Ces eaux arrivent à l'étang chargées de
riches principes de fertilisation ; aussi l'étang ne reçoit-il
d'autre fumure, que la vase apportée par les eaux dont la
masse y séjourne pendant plus ou moins de temps.
Quatre années de suite pendant l'hiver on laisse écouler
l'eau chaque fois qu'elle n'est plus trouble, et l'étang se
remplit de nouveau, s'il y a lieu ; cela se fait ainsi jusqu'à la fin de février, et les quatre étés produisent de
très-belles récoltes printanières ; ce sont du chanvre, du
lin, des féveroles, des haricots, pois, pommes de terre
et betteraves. Pendant la cinquième et la sixième année,
l'étang reste en eau, et donne une magnifique pêche,
dont un autre étang de huit hectares, fournit la feuille
nécessaire, à l'empoissonnement.

Ces Messieurs ont fait venir d'Angleterre six espèces
de beaux froments ; dans le nombre se trouve le froment
généalogique Halett. Ils ont un assez bon bétail, mais un
taureau durham y ferait grand bien ; ils vendent très-
avantageusement sur pied et à l'enchère, le produit de
vingt hectares d'excellents prés, partagés en cent parcelles.

Ces Messieurs m'ont fait visiter trois fermes, appartenant à un M. Lévillier, grand commerçant en grains,
demeurant à Nancy ; il fait cultiver deux de ces fermes

par un régisseur ; la troisième, qu'il vient d'acheter, est louée à un fermier anabaptiste, qui, de même que le régisseur, avait de belles récoltes, pour l'année, et un assez beau bétail à nous faire voir. L'ancienne et vaste forêt du Bichwald , qui a été défrichée, il y a environ cinquante ans, est devenue très - productive depuis qu'on s'est mis à chauler les terres qui en proviennent.

Pendant les quelques jours que j'ai passés à Plombières, j'ai fait visite à M. Noël, membre du Conseil général, et décoré de la Légion d'honneur ; président du comice agricole de la ville de Remiremont, M. Noël cultive une propriété en assez bonne terre. Elle est située sur un plateau, à environ cinq kilomètres de la ville ; il m'a fait voir une vacherie assez considérable, provenant d'une ancienne importation de grosses bêtes suisses ; M. Noël fabrique avec leur lait des fromages de Gérard-Mer. Il a des cochons bien logés.

Sa propriété consiste en trente hectares de bois, et soixante-dix hectares de terres, auxquelles on laisse produire, pendant quelques années, des céréales, et ensuite, des sainfoins ; mais on voit que les engrais pulvérulents ne sont pas encore connus, ou au moins en usage, dans ce pays.

Dans une autre promenade sur ces hauteurs, j'ai causé avec une femme âgée, qui était avec trois de ses petits enfants proprement vêtus, c'était un dimanche. Ils étaient devant une belle maison, bien blanchie et bien propre, et dans une jolie situation, entourée d'arbres fruitiers, de petits bouquets de sapins, au milieu de jolis prés, qui embellissaient la vue ; cette maison était peu éloignée d'un autre petit groupe de bâtiments. Comme je lui faisais compliment sur sa jolie demeure, sur l'ordre, et sur la propreté de tout ce qui l'entourait, elle me dit qu'elle avait acheté, il y a peu de temps, cette maison avec environ huit hectares de prés, terres et bois, pour 8,000 fr.; elle avait loué à un jeune ménage la maison voisine et quelques hectares de terres et prés; elle vivait là tranquillement avec son fils, sa femme et leurs jeunes enfants. Je lui ai demandé de quoi se composait son bétail, elle m'engagea à venir le voir; son fils, âgé d'à peu près trente ans, survint et m'ouvrit les étables et la grange; j'y vis deux jolis bœufs noirs à cornes fines, avec cinq vaches ou génisses; les vaches donnent de neuf à douze litres, dans un coin de l'étable se trouvait une assez bonne brebis avec ses quatre agneaux, dont deux étaient venus en novembre dernier, et deux en mai, tous en bon état; ces braves gens m'ont assuré qu'il en était de même chaque année, avec cette bonne brebis. Toutes ces bêtes faisaient plaisir à voir; les bœufs semblaient très-doux et cherchaient à se faire caresser; j'ai demandé combien ils pouvaient valoir; le fils leur attribue une valeur de 600 fr. La famille arrivait de la messe, mais la jeune femme était restée au village pour assister à vêpres. Je saluai ces bonnes gens, enchanté de la petite visite que je venais de leur faire.

Il se trouve de fort jolis endroits, dans ces montagnes; les petites vallées sont en prés, et les pentes sont couvertes de beaux bois, c'est dommage qu'on n'y connaisse pas les engrais pulvérulents, tels que le guano, le nitrate de soude, les os pulvérisés, etc.; ils pourraient aisément suppléer au fumier qu'ils ont en trop petite quantité, pour obtenir des récoltes abondantes qui les mettraient dans l'aisance; ils ne connaissent que les cendres lessivées, qu'ils payent cher, aux gens qui les leur apportent, en venant d'assez grandes distances; j'ai oublié d'en demander le prix.

J'ai visité le 29 et le 30 juin. plusieurs grandes et bonnes fermes en terres fertiles, en quittant le chemin de fer de Metz à Forbach à la station de Hernie, et en

allant vers Morhange et Dieuze; là, j'ai suivi le nouveau
chemin de fer, pour revenir à Pont-à-Mousson par Lu-
néville et Nancy; tout le pays que j'ai parcouru, m'a
paru fertile, mais mal cultivé; l'orage qui est tombé
dans une partie de ces contrées, a contribué à la production de fort beau froment. En général les bâtiments de
ferme, sont vastes, mais mal placés, pour la commodité
des fermiers; ils sont le plus souvent, mal entretenus.
Les diverses fermes que j'ai visitées, contenaient un
grand nombre de chevaux et poulains; ils n'étaient pas
mauvais, mais ils étaient trop faibles pour labourer leurs
fortes terres, il leur faut des attelages de six ou huit chevaux; les fermiers Lorrains ne savent pas encore pour
la plupart, faire la dépense nécessaire, pour acquérir un
bon étalon de trait, des races percheronne, boulonnaise,
ou du pays de Caux, ils élèvent eux-mêmes leurs étalons,
qui n'ont ni race ni taille, ni tournure convenable, pour
pouvoir produire des chevaux capables de rendre de
bons services; ils ont beaucoup d'élèves, et ils leur mé-
nagent la bonne nourriture; c'est ainsi qu'ils sont toujours mal montés, et qu'ils ont trop de chevaux; ils ont
peu de vaches et d'élèves de bêtes à cornes; le troupeau
de bêtes à laine, manque le plus souvent dans la ferme;
s'il s'en trouve un, ce sont plutôt des moutons que des
brebis; on les vend à moitié gras, pour en racheter
d'autres; si l'on a des brebis, on leur donne le premier
bélier venu, pourvu qu'il ne coûte pas cher, c'est le
principal; il en est à peu près de même pour le taureau,
à moins qu'on ne l'élève, provenant d'une vache bonne
laitière; la race et les formes du reproducteur, ne les
préoccupent que bien peu. Ils ne comprennent pas, à
quelques exceptions près, combien il est essentiel de se
servir de bons reproducteurs, bien choisis dans les meilleures races; tout est négligé chez eux, les volailles,
comme le reste; les poules, les oies, les canards sont dé-

générés, et excessivement petits, toutes les fois qu'on s'éloigne des grandes routes les plus suivies, on voit combien la culture est encore arriérée chez nous; il serait bien à désirer, que les propriétaires terriens, apprissent à mieux connaître leur véritable intérêt, puisque les dépenses augmentent journellement, et que la valeur de l'or va en diminuant, il est essentiel pour améliorer leur revenu, qu'ils s'instruisent en agriculture, et qu'ils s'en occupent au moins sur des réserves, afin de donner de bons exemples même en petit, à leurs fermiers.

J'ai quitté de nouveau Pont-à-Mousson, le 1er juillet, pour commencer mon grand voyage agricole annuel. J'ai commencé mes voyages annuels en 1847; mais dès l'année 1840, j'ai fait le plus long de mes cinq voyages dans la Grande-Bretagne.

Je suis allé cette année d'abord au château de Soulange, chez mon neveu le marquis de Lesseville; sa jolie habitation touche la riche vallée de la Marne, près de Vitry-le-Français; mais ses terres s'étendent sur les coteaux crayeux de la Champagne, et ne répondent guères aux riches alluvions de la vallée. Il n'en est pas moins vrai, que ces craies bien cultivées et bien fumées comme elles le sont, par les petits cultivateurs champenois, donneront cette année de plus abondantes récoltes en froment, que la plus grande partie des champs, que j'ai aperçus dans un parcours de près de deux cents lieues; j'ai cependant trouvé des pays pour la plupart fertiles, et même très-fertiles; mais la sécheresse a abîmé ces contrées.

Mon neveu a une fort jolie petite ferme, très-coquettement montée en bâtiments, machines et bêtes; il a quatre fort belles juments percheronnes, avec une pouliches, dix bonnes vaches et quatre vêles, presque toutes croisées Durham, des cochons Berkshire, et des volailles Crèvecœur; tout cela est fort bien tenu.

M. de Lesseville m'a conduit chez un de mes amis, excellent cultivateur, M. Ponsard, qui m'a mené ce jour même, dans la très-belle ferme qu'il a construite, pour exploiter une étendue de six cents hectares de terre et de bois; cette propriété est au milieu d'un plateau de craie, les deux tiers en sont couverts de bois de pins; l'eau y manquait; M. Ponsard y a creusé deux puits très-profonds, et il est parvenu à établir des mares qui tiennent bien l'eau, c'est le manque d'eau sur les plateaux champenois, qui empêche la population de s'y fixer; elle est très-nombreuse, partout où il existe des ruisseaux; elle est si active et si entreprenante, qu'elle ne craint pas d'aller chercher le fumier, à cinq ou six lieues de chez elle; elle paye ce fumier fort cher, il coûte 20 fr. et plus la charrette attelée de trois chevaux de taille ordinaire; c'est ainsi que cette population parvient à améliorer les craies, à plus d'une lieue autour des villages qu'elle habite.

Voici comment M. Ponsard défriche ces craies; il les laboure la première fois avec deux chevaux, et il sème un seigle qui produit ordinairement une douzaine d'hectolitres; vient ensuite une jachère complète avec au moins cent mètres cubes de fumier, coûtant 1,000 fr. rendu sur champ; il sème du froment qui produit le plus souvent une trentaine d'hectolitres; l'année suivante, la quatrième, on sème de l'orge et de la luzerne; on récolte trente hectolitres d'orge, et la luzerne donne de bonnes récoltes pendant cinq ou six ans; après la luzerne on sème une avoine, ensuite un hivernage; puis on fume à quarante mètres, et on recommence l'assolement, mais la luzerne est remplacée par un sainfoin; dans les terres que M. Ponsard ne peut pas fumer, faute de fumier à acheter, il donne une jachère complète sans engrais; il sème un seigle et en même temps du sainfoin; cette semaille a lieu en juillet; ce sainfoin ne devient pas fau-

chable; mais il sert de pâture aux troupeaux métis-mérinos, qui réussissent bien dans ce pays.

Nous avons visité le lendemain matin la basse-cour;
M. Ponsard a une très-vieille vache, courte corne, qui
donne encore, malgré ses quinze ans, dix-neuf litres de
lait étant fraîche vêlée; les autres vaches durham qu'il
possède au château d'Aumé, lui donnent de quatorze à
quinze litres à nouveau lait et une moyenne de six litres
pendant toute l'année.

Il va commencer sa moisson de froment; il a pour cela
une moissonneuse de Lailler, et une de Peltier; on dit
que la première coupe trois hectares par jour, et la deuxième deux hectares.

Les toisons de son troupeau métis-mérinos, pèsent,
lavées à dos trois kilos et demi; celles du troupeau de sa
ferme de Sans-Soucis, n'ayant qu'un maigre pâturage,
pèsent un kilo de moins.

La Marne a si peu d'eau cette année, qu'elle ne peut
pas faire tourner sa grande roue armée de tympans, pour
irriguer ses prés qui en auraient si grand besoin. M. Ponsard a fait venir d'Annonay beaucoup de jeunes noyers
de l'espèce dite Madelaine; il les a payés pris sur place,
12 fr. le mille; il les a repiqués dans un sol d'alluvion,
où ils poussent avec vigueur; cette variété de noyers a
le mérite d'avoir des noix bien pleines et d'entrer en végétation tardivement; par conséquent, elle n'est pas ex-
posée à être gelée; j'ai remarqué dans sa pépinière, un
arbre ayant des feuilles ressemblant à celles des poiriers;
il m'a appris que c'était une nouvelle espèce d'aulne.
M. Ponsard a planté des asperges dans un champ sablon-
neux, sur les bords de la Marne; elles y viennent si belles
et en si grande abondance, malgré les inondations de la
rivière, qu'il en a pu vendre beaucoup; il va donc en
faire une assez grande étendue, pour les expédier à
Paris.

Une partie de ses grands prés se trouvant de l'autre côté de la Marne, il vient d'en louer une dizaine d'hectares, à raison de 200 et 250 fr. par hectare; on y fait une culture maraîchère très-profitable. La luzerne vient à un mètre de hauteur, et est si épaisse sur ces sables d'alluvion, qu'il va en faire une grande étendue. J'ai vu dans sa ferme, plusieurs scarificateurs dont un anglais, de Colemann; il se sert beaucoup de cet instrument, de même que du rouleau Crosskill, des herses Howard, et des herses chaînes; on voit encore peu de ces dernières en France, quoiqu'elles soient très-utiles. Ses bergers gagnent 1,000 fr. et ont du grain pour leurs chiens; ils sont logés.

De chez M. Ponsard, je me suis rendu au camp du Mourmelon. J'ai visité, il y a quelques années, trois des fermes du camp; cette fois j'ai visité les cinq autres; la première porte le nom du quartier de l'Empereur; la ferme numéro 2, s'appelle Bouis; la 3e, Avenays; la 4e, Cuperly; la 5e, Piedmont; la 6e, Suippes; la 7e, Jonchery, et la 8e, Saint-Hylaire. J'ai commencé ma tournée par le numéro 8; son chef, M. Genin, est un élève de la ferme-école d'Aubussay, près Vierzon, dont M. Poisson a été le directeur. Ce jeune homme m'a dit qu'il avait sur sa ferme de trois cents hectares, trente jeunes et petites bêtes à corne d'espèce bretonne, de couleur blanche et jaune, avec un taureau Ayrshire d'une couleur à peu près pareille; mille bêtes à laine métis-mérinos, dont les béliers sont élevés en troupeau; on les réunit lors du sevrage, en un troupeau, pour les répartir dans les fermes au moment de la monte; les bêtes d'attelage sont au nombre de vingt. M. Genin m'a dit qu'il pouvait prendre au camp pour 4,000 fr. de fumier; il en fallait de cent à cent trente mètres cubes pour la première fumure, après défrichement; le fumier des régiments étant tenu en très-grands tas avant d'être

emmené dans les fermes et enterré, s'y échauffe tellement, qu'il devient d'un brun noir et tout desséché; il
ne peut donc, à mon avis, produire dans cet état beaucoup d'effets fertilisants dans la craie. Selon moi, trois
cents hectares sont au moins le triple de l'étendue qu'il
faudrait avoir à fumer avec cette quantité d'engrais disponible; l'extrême sécheresse de cet été a presque anni-
hilé les récoltes de cette ferme, ainsi que celles des autres
que j'ai visitées ensuite. J'ai remarqué que les petits jardins accordés aux quelques employés des fermes, contenaient cependant de beaux légumes, lorsqu'ils apparte-
naient à un homme soigneux et un peu jardinier; cela
prouverait que la craie peut bien produire, à condition
qu'on n'en cultive pas plus qu'on en peut bien fumer.

Les attelages sont composés pour la plupart de juments
percheronnes; il y a cependant dans une couple de
fermes, des juments réformées des écuries de la poste
impériale, ou bien des chevaux d'artillerie. J'ai vu dans
une de ces trop vastes cours de ferme, un enclos entouré
de fils de fer; il contenait de jolis poulains, venant de
ces juments de poste, qui sont de race normande. J'ai
été reconnu par trois chefs de ferme, qui m'avaient déjà
vu dans mes tournées agricoles; l'un de ces chefs était
M. Brouardelle, qui dirige la ferme de Suippe, la plus
fertile des huit, car elle borde un peu la vallée de la
Suippe. M. Brouardelle est un ancien élève de M. Malingié; il l'a quitté pour aller se perfectionner sous
M. Rieffel, à Grand-Jouan, il est sous-directeur des huit
fermes du camp. Ses appointements sont de 1,000 écus;
les chefs de ferme n'ont que 15 ou 1,800 fr., ils sont
logés, mais non nourris; les bergers ont 1,500 fr., mais
ils paient leur aide-berger qu'ils prennent, s'ils le
peuvent, parmi leurs enfants. Les céréales des fermes
de Suippe et de Joncherie sont semées en ligne; on m'a
dit qu'on allait donner aussi aux autres fermes, des se-

moirs anglais de Smith ; seulement, ceux que j'ai vus ne
sèment pas assez de lignes à la fois, huit au lieu de treize
au moins, lorsqu'il s'agit de semer une grande étendue.
J'ai aperçu un rouleau Crosskil, il en faudrait au moins
un dans chaque ferme, pour tasser ces terres légères ; on
n'a encore ni faucheuses, ni moissonneuses, ni faneuses, ni râteau à cheval. Les fermes qui ont des batteuses, n'ont que celles de Pinet, dont le manége est ingé-
nieux, mais a le grand inconvénient d'exiger près du
double de force, que n'en demandent les manéges bien
faits, entr'autres celui de Gérard de Vierzon ; mais les
manéges ne conviennent que dans de petites fermes ; au
camp, il y aurait une énorme économie à avoir une
bonne batteuse, mue par une locomobile anglaise ; elle
battrait tour à tour les céréales des huit fermes. Une
couple de charrues et de scarificateurs à vapeur y ren-
draient les plus grands services, tout en faisant connaître
cette immense, on peut dire cette merveilleuse invention.

J'ai remarqué avec plaisir, des fumiers parfaitement
soignés par le chef de la ferme de Piedmont, ainsi que
beaucoup d'ordre dans les arrangements de sa ferme.
Pour faire prospérer la culture des huit fermes impé-
riales du camp, on devrait leur donner tous les fumiers
et toutes les vidanges du camp ; les régiments devraient
être indemnisés à cet effet par le ministère de la liste
civile ; sans cette mesure, elles seront toujours onéreuses.
Faute de cette mesure on devrait réduire des deux tiers,
l'étendue de leur culture. On transformerait en pâtures
les deux cents hectares non cultivés ; on devrait y semer
du trèfle blanc, de la lupuline, du trèfle hybride, du
ray-grass, de la fléole des prés, ou timothy et autres
herbes, pouvant venir dans la craie ; elles y réussiraient
à condition de recevoir un mélange formé de deux cents
kilos de guano, coûtant 70 fr., cent kilos de nitrate de

soude, dont le prix est de 40 fr., et deux cents kilos d'os pulvérisés, coûtant 30 fr., rendus sur place; le total de la dépense de cet engrais serait de 140 fr. par hectare; cela assurerait pour les moutons qui parqueraient les terres de la ferme, une excellente pâture qui durerait trois ans. On sèmerait alors de nouveau le même mélange, en même temps qu'une semence composée d'un tiers d'orge et deux tiers d'avoine; l'orge et l'avoine semées en mélange, produisent plus de grain, qui est en même temps plus nourrissant. Si on veut avoir des pâtures profitables, il est absolument nécessaire de leur donner de l'engrais; cette dépense, d'environ 150 fr., fera son effet plus ou moins pendant trois ans; elle produira certainement une quantité triple d'herbe à consommer par le troupeau.

Si on adoptait dans les fermes l'usage des demi-fumures en fumier, avec mélange, dans la proportion de moitié des engrais pulvérulents, que j'ai indiqués ci-dessus, on obtiendrait de bien meilleures récoltes pour la même somme dépensée.

Avant d'employer en grand, dans les fermes du camp les engrais pulvérulents, il serait sage d'essayer leur effet sur les craies; il ne faudrait pas oublier d'essayer aussi les phosphates fossiles.

Le colonel Rigaut, du 5e de chasseurs à cheval, a bien voulu me faire voir le jardin légumier du régiment, que neuf hommes soignent fort bien; ce jardin a, à peu près, un hectare et demi d'étendue; il est plein de bons légumes qui viennent à merveille, car ils ont été abondamment fumés, et on les couvre d'eau par l'excessive chaleur qu'il fait.

Je me suis rendu, du camp, à deux stations de l'autre côté de Reims, sur le chemin de fer des Ardennes. Je suis descendu à la station de Bazancourt, et de là, je suis allé dans la commune de Boult, pour visiter MM. Saint-

Denys; c'était la seconde visite que je venais faire à ces deux frères, âgés, l'un de quatre-vingt-quatre ans, l'autre, de quatre-vingts ans. Ma première visite datait de dix ans. Ces braves messieurs ne se sont jamais mariés; leurs deux sœurs ont fait de même, et sont restées avec eux jusqu'à leur mort, qui date de plus de quinze ans. Une servante active et forte est venue les remplacer pour faire le ménage; quoique assez âgée, elle le tient encore. Un de leurs domestiques est à leur service depuis trente-cinq ans; il a économisé plus de 4,000 fr. chez eux; ce n'est cependant pas lui qui est à la tête des douze grands et forts Luxembourgeois, qui entrent au service de MM. Saint-Denys, et sont remplacés à l'occasion par d'autres de leurs compatriotes; aussi, ai-je rencontré plusieurs Allemands dans les trois kilomètres que j'ai dû faire, en venant de la station à Boult, et qui n'étaient pas au service de MM. Saint-Denys.

Ces bons vieillards sont si fatigués de leurs immenses travaux, que rarement ils peuvent sortir de leur cuisine, ils occupent chacun une alcôve donnant sur cette pièce, et lorsqu'ils changent de place, ils ne peuvent le faire qu'à l'aide de deux cannes. Leur demeure qui ressemble à une ancienne gentilhommière, ne reçoit jamais de réparations; ils dépensent cependant 35,000 fr. par an, et placent depuis longues années de fortes sommes annuellement, et maintenant à peu près une cinquantaine de mille francs. Leur écurie contient une douzaine de chevaux de forte taille; dans le nombre il s'en trouve qui ont plus de trente ans.

L'aîné de ces messieurs dirige la maison, tient les comptes, et surveille encore les semis d'arbres verts, qu'il m'a fait voir et qui sont tenus admirablement. C'est lui qui faisait soigner les pépinières anciennement, M. Quentin le cadet, surveille, il vaudrait mieux dire, surveillait la culture, les écuries et la vente des récoltes sur pied. Ils ne rentrent chez eux, que ce qu'il faut pour la nourriture de la maison et des chevaux ; ils n'ont pas d'autres bêtes, excepté des volailles.

Ils se sont faits pépiniéristes, il y a environ cinquante ans ; ils ont planté en pins, dans cet espace de temps, plus de dix mille quatre cents hectares, dont sept mille pour le public. Une partie des propriétaires qui faisaient planter, fournissaient moitié du terrain, comme paiement de la plantation ; cela ne s'est plus fait à l'époque où les terres crayeuses avaient fini par prendre une certaine valeur. Dans le commencement, on achetait de ces friches de craie à raison de 25 à 50 fr. par hectare ; maintenant on en trouve rarement à 100 et même à 200 fr., et ces messieurs paient jusqu'à 300 fr. par hectare, lorsqu'ils veulent s'arrondir. Ils ont encore planté l'an dernier une centaine d'hectares en pins ; M. Quentin m'a dit en me les faisant traverser dans sa charrette, ne les avoir pas vus depuis que la plantation en a été terminée, tant il lui reste peu de force. Il me conduisait dans un bois où avaient été plantés, il y a dix-huit ans, leurs premiers pins noirs d'Autriche, et, il y a seize ans, leurs premiers pins laricios.

MM. Saint-Denys n'ont appris à connaître les pins laricios de Corse, qu'il y a dix-neuf ans, chez un de leurs voisins ; ils y avaient bien mieux réussi que les pins sylvestres, qui, en Champagne, ne viennent jamais droits, et ne peuvent être employés que comme bois de chauffage ; les pins laricios, au contraire, poussent toujours droits, sans avoir besoin d'être serrés. Ces messieurs ayant demandé à la maison Vilmorin de la graine de laricios, ne purent en obtenir que la troisième année ; cette maison leur conseilla, en attendant, de semer des pins noirs d'Autriche, dont on leur dit beaucoup de bien. M. Quentin m'a fait voir une magnifique plantation de cette espèce de pins, âgés de dix-sept et de dix-huit ans ;

il m'en a fait ensuite visiter une autre, âgée de seize ans ; ceux-ci étaient des pins laricios ; ils ne savent encore à quelle espèce donner la préférence, tant elles viennent bien et vigoureusement toutes deux, dans les craies de la mauvaise Champagne. Les plus âgés de ces pins noirs ont quatre-vingt-quinze centimètres de tour, près terre, et soixante-douze centimètres à cinq pieds au-dessus ; ils sont tous droits et feront de beaux bois de charpente ; à âge égal ils sont bien plus gros et plus hauts que les pins sylvestres. Il est à regretter qu'on ait si peu parlé de ces deux belles espèces résineuses, depuis si long-temps que leur valeur est reconnue. On y apporte si peu d'attention, qu'on plante partout encore des sylvestres, et qu'on sème de même des pins maritimes, au lieu de pins laricios ou de pins noirs d'Autriche.

J'ai bien souvent remarqué dans mes voyages, que les pins noirs sont toujours plus beaux que les sylvestres, quelle que soit la nature de la terre.

J'ai parcouru pendant cinq heures, avec ce bon M. Saint-Denys, une partie de leurs immenses plantations, et je me suis dit que ces braves gens mériteraient bien d'obtenir pour eux deux, la croix de la Légion d'honneur. J'ai beaucoup remercié cet excellent vieillard, qui m'a déposé à la station de Bazancourt ; j'en suis parti pour Soissons, où en arrivant, j'ai pris un cabriolet, qui m'a conduit chez M. Desbauves, propriétaire d'une grande ferme qu'il cultive. Cette ferme a ceci de particulier, qu'elle est placée sur la partie la plus haute d'un plateau fort élevé ; anciennement, on y a extrait une immense quantité de pierres de taille d'une nature tendre ; cela a formé de grandes excavations dont on a profité, en y établissant de vastes bergeries qui logent en hiver quinze cents moutons ; de grandes vacheries et bouveries, et d'autres logements ; les basses goûtes de tous ces logements sont en belles pierres de taille.

4

M. Desbauves a construit récemment de grandes écuries et des bâtiments de ferme ; il achève en ce moment un joli petit château, d'où l'on jouit d'une vue fort étendue et très-belle. M. Desbauves était absent, mais son fils aîné qui dirige ailleurs une sucrerie, m'a fait voir pendant une forte pluie, de très-beaux attelages en chevaux et en bœufs ; le temps ne permettant pas de visiter les champs, j'ai dû redescendre cette côte pour rejoindre mon cabriolet que j'avais laissé en bas ; je me suis fait conduire à la ferme de Moranbœuf où, depuis plusieurs générations, la famille de M. Crétet, gendre de M. Vallerand, cultive plus de quatre cents hectares de bonnes terres ; elles sont placées sur un vaste plateau fort élevé ; le quart de la ferme est en betteraves ; mais une assez grande étendue de ces betteraves ayant été détruites par une espèce de ver d'un gris verdâtre, on a dû en faire un second semis ; les mêmes insectes ont aussi exercé des ravages semblables, sur vingt hectares, chez M. Desbauves.

J'ai traversé les froments de M. Crétet pendant fort longtemps, en venant chez lui ; ils étaient d'une grande beauté ; je n'en ai pas été étonné, lorsque j'ai appris de lui, qu'à l'exemple de son beau-père, M. Vallerand, il avait défoncé ses quatre cents hectares à quarante centimètres, et que toutes ses semailles se font en lignes, depuis 1862, avec de grands semoirs Smith, à vingt lignes ; ces messieurs ont même commandé d'autres semoirs, qui sémeront jusqu'à vingt-cinq lignes à la fois. Les bœufs d'attelage de cette ferme sont du Charolais.

Madame Crétet m'a fait voir un fort beau jardin très-bien tenu ; elle m'a appris que ses parents que je comptais aller voir, étaient à Vichy ; la nuit approchant, je suis remonté en cabriolet, pour aller coucher à Soissons. J'en suis reparti le lendemain par la pluie, pour me rendre chez M. Gilles, habile fermier à Thyeux, près du collége de Juilly. Ce jeune cultivateur a visité l'Angleterre et en a fait venir depuis assez longtemps (huit ans) des semoirs, des houes à cheval de Garett de Saxmundham, comté d'Essex, ainsi que d'autres instruments ou machines agricoles perfectionnées ; il a, entr'autres, un semoir à engrais pulvérulents. Il se sert, depuis quelques années, d'engrais formés en partie de résidus de fabriques de chandelles ; il s'en loue beaucoup et a construit, loin des habitations, un magasin couvert et à l'abri des chiens, pour manipuler et conserver cet engrais.

M. Gilles a monté, depuis que je suis venu le voir, une distillerie de betteraves qui lui a coûté 60,000 fr. Il a remplacé ses moutons par des brebis métis-mérinos, auxquelles il va donner des béliers new-leicester. Il m'a dit qu'un certain nombre de gros fermiers de ces environs, se faisaient éleveurs de bêtes à laine, et qu'ils employaient des béliers anglais ; c'est une bonne idée, car le bétail maigre, bon à engraisser, est fort cher. J'avais aperçu, de mon wagon, des champs de lin ; j'en ai parlé à M. Gilles ; il m'a dit que cette culture s'introduisait dans cette contrée, et que les fabricants de lin du Nord, venaient les acheter sur pied ; le bon marché des froments force les cultivateurs à chercher de nouvelles cultures, plus rémunératrices.

Après avoir passé trois jours à Paris, je me suis remis en route pour aller voir le nord de la France ; je me suis arrêté à la station de Clermont (Oise), pour faire une courte visite à une ferme, qu'un de MM. Labit fait valoir près de là. Il y emploie des aliénés ; on assure que le travail de la terre leur est utile. Je n'ai pas trouvé M. Labit qui était absent ; mais M. le sous-directeur a bien voulu, malgré l'excessive chaleur, me faire voir la basse-cour : elle m'a paru bien bâtie et commode ; la vacherie contient une douzaine de belles vaches qui, presque toutes, sont croisées durham ; près de là, une porcherie, montée en cochons anglais, d'une espèce blanche, m'a paru fort bonne ; on en vend les petits âgés de deux mois, pour la reproduction, à 50 fr. la pièce. Le peu de récoltes que j'ai pu voir, par cette température extrême, m'ont paru fort belles.

Les instruments et les machines agricoles étaient bien choisis ; j'ai vu une faucheuse Peltier, une imitation de la charrue à défoncer de Vallerand, des charrues Brabant, bissocs, destinées à labourer des terres qui n'ont pas besoin de drainage ; les environs sont jolis et bien cultivés.

Je suis remonté dans le train suivant, pour aller coucher à Amiens ; j'en suis reparti, le lendemain de bonne heure, pour me rendre chez MM. de la Houplière, à Château-Neuf, non loin de Montreuil-sur-Mer. Cette nombreuse famille d'excellents et riches agriculteurs que je visitais pour la troisième fois, possède une partie d'un relais de mer, qui date de la fin du dernier siècle ; la portion qui leur appartient, mais qui se partage maintenant en six branches, a entre six et sept cents hectares d'étendue ; la plus grande partie en est encore en herbages permanents ; leur valeur locative est de 200 fr. par hectare ; quand on permet au fermier de défricher les herbages, on en obtient 250 fr. La valeur vénale de ces riches fonds va de 6 à 7,000 fr.

M. Charles de la Houplière, l'aîné de M. Alphonse, habite la maison paternelle, avec Madame sa mère ; il ne compte pas se marier ; il cultive cent-soixante hectares appartenant à sa mère, à lui-même et à une de ses sœurs ; le quart de sa ferme est en herbages permanents, sur lesquels il engraisse quatre-vingts bêtes à cornes, durant l'été ; il en engraisse autant, pendant l'hiver, dans des étables qu'il reconstruit à neuf, partiellement chaque annéel. Il ne met pas de grenier à fourrage au-dessus

des bêtes ; mais il peut mettre de la paille lors des grands
froids de l'hiver, pour les en garantir ; ces bêtes sont
nourries avec la pulpe d'une sucrerie, que les membres
de la famille ont montée par actions, entre eux, Madame de la Houplière mère en a environ moitié. On
ajoute dn foin et des tourteaux à la pulpe, ce qui produit d'excellent fumier.

Par suite de l'arrangement fait avec le fabricant de
sucre, M. Charles est obligé de semer la graine de betterave de Silésie, que lui fournit le fabricant, et cette betterave ne devient pas grosse ; il est interdit aussi de
fumer les terres pour betterave. Il n'aurait pu accepter
de telles conditions s'il ne cultivait pas des herbages défrichés par lui, il y a de cela sept ans ; ces terres lui donnent alternativement une moyenne de cinquante mille
kilos de ces petites racines de Silésie, et aussi une
moyenne d'une quarantaine d'hectolitres de froment, de
l'espèce rouge à paille blanche , et cela, sans avoir reçu
le moindre engrais. M. Charles de la Houplière espère
que cela continuera encore ainsi pendant les cinq dernières
années du bail de cette partie de sa culture, en dehors des
cent-soixante hectares. Il a aussi, dans ses herbages défrichés, des luzernes si belles, qu'il les vend habituellement sur pied de 400 à 500 fr. par hectare. M. Charles
m'a fait faire une grande tournée, non-seulement pour
me faire voir sa culture, mais encore afin de me montrer de nouveaux relais de mer, exécutés par le Gouvernement, il y a quelques années ; ils ont été repris trop
tôt à la mer, dit M. Charles, une partie des terres endi-
guées se trouvent sans alluvion suffisante. Il n'y pousse
que de la perce-pierre et d'autres herbes de marais sa-
lants ; il en a été vendu une partie à 2,500 fr. par hectare. Ce ne serait pas un prix élevé, si les acquéreurs
n'entraient pas pour une partie, dans les accidents occasionnés aux digues par les fortes marées, ce qui peut

monter à de fortes sommes. M. Charles sème un mélange d'un tiers d'orge et deux tiers d'avoine, pour la nourriture de ses nombreux chevaux : cette semence donne plus d'hectolitres et plus de poids, que l'avoine seule ; elle est aussi plus nutritive pour les bêtes de trait.

M. Alphonse de la Houplière, le cadet de cette branche, n'a que des herbages, dans sa part d'héritage, et il en a ajouté d'autres par acquêt. Il ne cultive pas, mais il engraisse sur ses cent hectares deux cent-cinquante bêtes bovines, qui doivent produire 150 fr. par tête, si l'on sait bien acheter. Du temps de Monsieur son père, il était déjà chargé de tous les achats de bétail, depuis l'époque où il était sorti du collége ; il va acheter ses animaux aux quatre coins de la France ; il ramène beaucoup de petits bœufs de Bretagne, que les nombreux Anglais fixés à Boulogne et sur cette côté, savent très-bien apprécier et payent bien. M. Alphonse m'a dit que les bœufs et les vaches donnent, à peu près, les mêmes bénéfices ; car le prix d'achat des bœufs est bien plus considérable ; d'un autre côte, les vaches s'engraissent plus facilement et occupent les herbages moins longtemps. Le loyer des herbages, les impôts, les soins et risques de pertes de bétail, enfin l'intérêt du capital mis en acquisition de bétail, tout cela doit être défalqué des 150 fr. qui sont le produit brut.

M. Alphonse a fait construire une charmante maison, où nous avons eu un grand et beau dîner, pour pendre la crémaillère. M{{me}} Alphonse, nouvellement mariée, est la petite-fille de M. Adam, qui était consul d'Angleterre à Boulogne, en 1840, lorsque je fis mon premier voyage agricole dans ce pays ; il eut alors la bonté de me donner des lettres d'introduction pour la Grande-Bretagne.

M. Vincent de la Houplière ne fait, de même, qu'engraisser à l'herbe.

M. Hilaire de la Houplière a épousé une sœur de

MM. Charles et Alphonse ; il habite et cultive une autre propriété, sise aussi dans un relais de mer, à une couple de lieues de la terre de Châteauneuf. M. Frédéric, frère du précédent, vient de construire une belle ferme, à côté des deux anciennes fermes de Châteauneuf ; enfin la seconde sœur de MM. Charles et Alphonse a épousé M. Bourdon, grand propriétaire-cultivateur et distillateur, près Compiègne ; ce jeune ménage se trouvait aussi à Châteauneuf, lorsque j'y étais.

La partie du département de la Somme, que ces Messieurs habitent, se nomme le Marc-en-Terre ; elle est formée, en grande partie, de relais de mer, toujours très-fertiles, qui se sont formés et continuent à se former encore les uns après les autres, aux embouchures d'un certain nombre de rivières, petites ou grandes. A côté de ces terres, d'une richesse inépuisable, se trouvent de vastes dunes de sable, fournissant de pauvres pâtures aux bêtes à laine ; ces sables se louent fort cher aux amateurs de chasse, à cause de la multiplicité des lapins, et du gibier d'eau qu'on y trouve.

J'ai pris congé de cette nombreuse et aimable société, qui, en trois jours, m'a fait assister à deux grands dîners ; elle a été excellente pour moi, à ma troisième, comme à mes deux premières visites. M. Charles de la Houplière a voulu me reconduire lui-même à la station du chemin de fer de la petite ville de Rue, qui me ramena à Abbeville. C'est là que m'avait donné rendez-vous M. de Franssu, que je ne connaissais que par correspondance. Il avait eu l'extrême obligeance de me proposer de m'indiquer les meilleurs cultivateurs de ce pays, et même de me servir de guide dans ces visites.

M. de Franssu, qui m'attendait, me présenta à Madame et me fit faire un bon déjeuner ; sans perdre de temps, nous sommes ensuite montés en voiture pour nous rendre chez le marquis de Varanglard, au château de ce nom, à douze kilomètres d'Abbeville.

M. de Varanglard est amateur passionné de chevaux; il leur a fait construire par un architecte de Paris une espèce de palais, à côté de son ancien château. Non-seulement une douzaine de beaux chevaux, la plupart venus d'Angleterre, y sont logés, mais il y admet encore les chevaux des personnes qui viennent le voir; les remises sont vastes et garnies de fort beaux équipages. Le marquis a un bel étalon anglais et quelques juments pour en obtenir des élèves de pur sang; il donne aussi à cet étalon de très-belles juments boulonnaises. Il vient, dans le même but, d'acheter un jeune étalon arabe au haras de Pompadour.

Le parc est orné de beaux arbres et partagé en plusieurs enclos, fermés par des bandes de fer, peintes en blanc, afin que les poulains les aperçoivent de loin; ces bandes, servant de clôture, ne sont placées que le long des routes ou chemins sablés, afin d'éviter que les chevaux, voyant l'herbe de l'autre côté des bandes, ne passent la tête pour atteindre cette herbe, et ne brisent ainsi la clôture.

Le potager du château a une étendue d'un hectare; il reçoit tout le fumier des écuries de luxe; aussi les légumes et les arbres y sont-ils d'une grande beauté et pleins de vigueur. M. de Varanglard en nous faisant visiter les greniers au-dessus de ses écuries, nous a fait remarquer une chose qui mérite d'être imitée; il a d'abord fait appliquer une bande de zinc pliée à angle droit, à l'endroit où le plancher joint les murs; il empêche ainsi les souris de perforer des trous à cet endroit; une autre bande de zinc, plus large, est plaquée contre les murs, à environ un mètre du plancher; cette seconde bande empêche les rats, descendus de la toiture, de remonter lorsqu'ils sont surpris; alors un chien anglais, de cocher, en fait son affaire. Le marquis a fait encore une autre chose, très-bonne à imiter : ce sont deux poulaillers; celui des poules est placé à côté et au-dessus de la vacherie, ce qui le réchauffe ; celui où on élève la volaille, entoure une cour formée de petites loges ; on a eu le soin d'en faire incliner les toits, vers les trois bonnes expositions, et une partie des toitures est garnie de carreaux de verre, au lieu de tuiles ou d'ardoises, et le soleil, lorsqu'il luit, réchauffe les poulets. M. de Varanglard a un régisseur lorrain, qui n'a que 800 fr. d'appointements fixes; mais il prélève 20 p. 0/0 de bénéfices nets, d'une culture qui s'étend sur une ferme dont la valeur est d'environ 200,000 fr. ; on y tient une exacte comptabilité, sur laquelle se trouve porté à juste prix, ce qui est livré au château.

Le marquis ayant toujours eu à se louer des services de M. Claudin, a placé son frère, en même qualité, chez le général comte de Bonneval son beau-père, dans sa terre en Limousin; j'ai lu souvent l'éloge de ce M. Claudin, dans des journaux d'agriculture. M. de Varanglard voulait nous retenir à dîner ; mais M. de Franssu s'en excusa, désirant me faire visiter encore la culture d'un propriétaire voisin; M. Paillard est un Parisien, qui a hérité il y a six ans, d'une jolie habitation entourée d'une terre fertile, à culture négligée ; il a voulu malgré sa complète ignorance en connaissances agricoles, se mettre à bien cultiver, et il a cherché à s'instruire, partout où il en a trouvé l'occasion ; les concours agricoles régionaux, surtout lui ont été des plus utiles nous a-t-il dit; il s'est mis aussi sur les rangs, comme éleveur, et il a remporté soixante-trois médailles.

Sa porcherie lui a valu une grande partie de ses primes ; c'est la porcherie de M. Labit, près Clermont (Oise), qui lui a fourni la souche de ses beaux cochons;

mais trouvant que les têtes de ses bêtes sont devenues trop fortes, il vient de faire venir un verrat, d'espèce middlesex, de chez M. Poisson, directeur de la ferme école de Laumois, près le Chatelet, département du Cher; M. Paillard a de bons herbages; son régisseur qui est connaisseur en bétail, va lui chercher des vaches à engraisser, dans les environs de Paris; il a une fort belle et fort bonne vache laitière, croisée durham et cotentin.

Il vient de faire construire un joli poulailler, madame Paillard voulant élever de bonnes espèces de volailles.

Nous avons admiré des céréales et des betteraves très-bien cultivées.

Nous sommes retournés à Abbeville, après avoir dîné chez M. Paillard.

Nous nous sommes rendus le lendemain au château de Franssu, où Madame nous avait précédés. L'habitation est fort belle et se trouve placée entre une charmante cour anglaise et un parc, qui contient de beaux et vieux arbres, chênes, et arbres résineux ; le potager est bon et bien soigné.

Nous sommes repartis, après avoir visité les bâtiments de ferme et trois usines, un moulin, une distillerie, et une huilerie; le tout a été construit par M. de Franssu, qui ne manque pas d'occupation, car il est aussi maire de la commune.

Le temps étant pluvieux, nous n'avons pu visiter la culture; les étables ne sont garnies de bêtes à l'engrais que pendant l'hiver.

Nous sommes montés en voiture après déjeuner, pour nous rendre à la station du chemin de fer qui va d'Abbeville à Amiens; nous voulions visiter le haras que M. Fougeron, ancien élève de Grignon vient de monter. Il était malheureusement absent, mais le garde étalon en chef, nous a fait visiter une partie des cinquante étalons de ce haras, les autres n'étaient pas encore **rentrés** des stations de monte; je ne suis pas assez connaisseur en fait de chevaux, pour donner mon avis sur ce brillant et nombreux dépôt d'étalons, qui m'ont semblé fort beaux dans les différents types qu'il contient; il a des pur sang anglais, arabes, persans, et des chevaux de demi sang; il y a aussi des chevaux de trait, percherons, du pays de Caux, et de race boulonnaise.

Chacun de ces beaux animaux est logé seul, dans une grande boxe, où il se trouve en liberté; ce qui prouve qu'on sait bien les traiter et qu'on ne les rudoie pas, c'est, que le chef garde-étalon, entrait sans cravache, même chez ceux de ces étalons, qui ne paraissaient rien moins que doux, et il les faisait ranger et poser comme il le voulait.

M. Fougeron cultive sur un plateau, un centaine d'hectares qui m'ont paru d'une nature saine, il engraisse en hiver, une centaine de bêtes à cornes, avec les résidus de sa distillerie de betteraves et avec des tourteaux; la partie des récoltes que nous avons vues, nous ont paru belles, pour la sécheresse extrême qu'il a fait; mais la pluie qui tombe depuis quelque jours avec un temps doux, va les réparer.

Mme Fougeron la mère, a construit il y a peu d'années, un grand et fort beau château.

Un train de chemin de fer, nous a portés à Amiens, d'où nous sommes partis le lendemain matin, pour faire une visite à M. Bertin.

Au moment où nous arrivions chez M. Bertin à Roye, il allait monter en voiture pour un voyage, il a bien voulu le remettre au lendemain.

Après nous avoir fait bien déjeuner avec madame et mademoiselle, M. Bertin nous fit monter en calèche, pour nous faire voir une partie des quatre cent trente-cinq hectares de sa très-grande et excellente culture, dont bonne partie est sa propriété, et qui l'avant-veille, avait échappé à un terrible orage de grêle, qui a fait d'immenses ravages sur une grande étendue de cette partie de la France; le territoire de la ville de Roye y a fort heureusement échappé à peu près, et cela grâce à une colline très-élevée, qui se trouve placée isolément dans cette vaste plaine, elle a divisé l'orage; aussi les belles récoltes de M. Bertin, quoique échappées à la grêle, étaient-elles terriblement versées; mais l'immense culture de betteraves faites pour la sucrerie de M. Bertin, profitait beaucoup de cette abondante pluie; une partie de ses énormes prairies artificielles étaient aussi bien versées, mais enfin ce temps lui était favorable.

Après avoir parcouru pendant plusieurs heures cette vaste et magnifique culture, M. de Franssu fut obligé de nous quitter, tout en me donnant rendez-vous pour le surlendemain.

M. Bertin dont la famille occupe depuis plusieurs générations la poste de la ville de Roye, située dans la partie haute du département de la Somme, me fit voir d'abord les écuries que son père avait construites pour plus de cent cinquante chevaux, et cela avec un véritable luxe, car il relayait alors les courriers et voyageurs se rendant en Angleterre ou à Bruxelles. Pour arriver à ces superbes écuries, on suit un chemin orné de deux rangs de colonnes en pierres de taille; les rangs de chevaux sont assez séparés pour permettre aux charrettes d'y circuler, pour l'enlèvement des fumiers. Les bâtiments de cette énorme culture, de la grande sucrerie, de l'habitation de la famille, les cours et chemins pavés, couvrent ensemble une étendue d'un hectare et cinquante ares.

M. Bertin a encore environ cinquante chevaux, il ne les paie pas au-delà de 700 fr.; il n'en achète qu'à l'âge de six ans, et il les conserve chez lui jusqu'à la fin ; il les choisit de taille moyenne ; dans ce pays on a de très-bons chevaux boulonnais, mais il leur préfère de beaucoup les percherons quand il peut en trouver. Voici le prix des chevaux boulonnais : un étalon de quatre à cinq ans, vaut de 1,500 à 2,000 fr. ; un cheval hongre de deux ans, vaut 500 à 600 fr., à trois ans, il vaut de 700 à 800 fr., à quatre, cinq ou six ans, il coûte 800 à 900 fr. Une jument de cinq ans se paie 700 ou 800 fr., de sept à huit ans, elle ne vaut plus que 600 à 700 fr.

Un poulain se paie 300 à 400 fr. à un an, et de 500 à 600 fr. à dix-huit mois.

A l'époque des travaux, les chevaux reçoivent en trois repas, quinze litres d'avoine aplatie, le reste de la nourriture se compose de cinq kilos de trèfle, trois kilos et demi de vesces d'hiver en grains, et quinze kilos de paille ; tous les fourrages sont coupés au hache-paille ; ainsi préparés, ils sont mis dans des paniers placés à portée du laboureur. Un cheval coûte par jour 1 fr. 50 à 1 fr. 65, suivant les années, pour sa nourriture, le ferrage, les soins du charretier et ceux du vétérinaire, l'intérêt et l'amortissement ne sont pas compris dans cette somme. Les chevaux sont pansés trois fois par jour avec l'étrille et la brosse.

Une bonne partie des écuries servent maintenant à loger des bœufs ; ce sont des charolais. M. Bertin en achète environ trente paires, à la fin d'août dans les foires de Bourgogne, ils lui coûtent de 7 à 800 fr. la paire maintenant, il ne les payait vers 1844, que 475 à 500 fr. A la fin de décembre on choisit les meilleurs pour le travail, et on engraisse les autres.

Les bœufs de travail mangent en trois repas, trente-deux kilos de pulpe mélangée avec du fourrage haché, et deux kilos de tourteau. En été ils ont du vert passé au hache-paille, avec un repas de pulpe. La journée d'un

bœuf revient de 1 fr. 40 à 1 fr. 50, non compris l'intérêt de l'argent qu'il a coûté.

En ce moment M. Bertin n'engraisse que trois vaches
et quelques cochons, mais en hiver il en engraisse une
trentaine.

Les bêtes à l'engrais reçoivent de quarante à quarante-cinq kilos de pulpe, avec du fourrage haché, et
deux kilos de tourteau.

Le poids net des bœufs gras est en moyenne de trois
cents kilos, celui des vaches, en général des hollandaises
et des normandes , est de deux cent quatre-vingts
kilos.

En 1853, M. Bertin a imité l'exemple que lui donnait
M. Decrombecque; il a fait disposer trente boxes pour
les bêtes à l'engrais; il a reconnu qu'en boxe les animaux
s'engraissaient mieux et plus vite. Il y met d'abord les
vaches qu'il vend ordinairement vers le nouvel an, et, il
met à leur place, les bœufs qui réussissent le moins bien
dans l'étable. Il a remarqué que ces animaux profitent
très-vite et dépassent bientôt les animaux qui s'engraissaient le mieux dans l'étable.

M. Bertin ayant reconnu que le compte de son troupeau métis-mérinos, devenait chaque année moins profitable, et que les bêtes maigres augmentaient continuel-
lement de prix, s'est décidé à élever. Il a acheté deux
béliers et cent brebis dishley-mérinos, qu'il a pris chez
M. Pluchet, de Trappes; satisfait de son essai, il a doublé
ce chiffre au bout d'un an. Il a continué depuis lors à
tirer ses béliers de chez M. Pluchet; il vend de 100 à
150 fr. ceux qu'il produit chez lui, son troupeau de brebis sera bientôt de trois cents mères.

Il fait venir ses agneaux en juin et juillet, rarement
avant le 1er mai. Les brebis ont alors beaucoup de lait,
et elles donnent plus tard de belles toisons. Il trouve en
outre que les agneaux venant en été lui coûtent moins

cher à nourrir que ceux venant en hiver; à ceux-ci, il faut plus de vesces en grain, plus d'avoine, plus de son. Les agneaux sont sevrés à trois mois et demi; trois semaines après leur naissance on leur donne de l'avoine mêlée de son; la ration est augmentée à mesure qu'ils grandissent et qu'ils restent moins longtemps avec leurs mères; après le sevrage, on sépare les femelles et on les nourrit bien. Les mâles sont engraissés pour être vendus à dix-huit mois; on leur donne du seigle cuit, de la pulpe et du tourteau, mêlés à de la paille de froment hachée.

La race choisie par M. Bertin a trois huitièmes de sang dishley; elle donne de plus lourdes carcasses que celles des métis-mérinos. Les toisons se vendent toujours six pour cent plus cher que les laines mérinos; elles sont plus longues et mieux chargées de laine. Les deux toisons sont en définitive à peu près d'égale valeur.

M. Bertin engraisse encore en hiver quatre cents moutons mérinos; dès qu'ils sont gras, ils sont vendus, et remplacés par cinq cents ou six cents bêtes achetées aussitôt après la moisson. Les communes qui l'entourent sont mal montées en troupeaux, et il dispose d'un parcours assez considérable; il peut donc parquer avec un millier de bêtes, qui, le soir, reçoivent de la pulpe. Il donne aux bêtes à l'engrais trois kilos et demi à quatre kilos de pulpe, avec du fourrage haché, et deux cent cinquante grammes de tourteau; l'engrais dure de dix à douze semaines; la dépense par jour et par tête est de 10 centimes; les moutons sont vendus dès qu'ils sont gras, on les remplace par des moutons maigres.

M. Bertin nourrit en moyenne trente-cinq personnes par jour, et la dépense, pour les hommes, est de 1 fr. 40 centimes; chaque ouvrier reçoit un kilo et demi de pain de méteil par jour, cinq cents grammes de viande, trois fois par semaine, et un litre et demi de cidre; les quatre autres jours de la semaine on fait maigre.

Pour alimenter sa sucrerie, M. Bertin fait tous les ans cent cinquante hectares de betteraves, qui alternent avec cent cinquante hectares de blé ; le reste des terres est en sainfoin, luzerne, trèfle et autres fourrages.

Le fumier est payé à raison de 2/5 par le froment, 2/5 par les betteraves et 1/5 par le seigle, l'avoine, l'orge, les féveroles et les hivernages ; les fourrages améliorant la terre n'ont pas à payer l'engrais. La fabrication du sucre a été introduite dans le département de la Somme, il y a trente-huit ans ; elle a exercé une immense influence sur le pays. Les ouvriers gagnent au moins le double de ce qu'ils gagnaient ; la nourriture des domestiques est devenue bien meilleure, mais aussi bien plus coûteuse.

L'assolement était triennal, avec jachère complète ; elle n'existe plus ; elle est très-avantageusement remplacée par la culture de la betterave, qui exige des sarclages répétés. Le nombre des travaux de main-d'œuvre et d'attelages a singulièrement augmenté ; on ne labourait que superficiellement ; on défonce maintenant ; on nourrit et on engraisse beaucoup plus d'animaux, ce qui produit plus de viande, plus de fumier, et partant de plus fortes récoltes. On a été forcé d'adopter de meilleurs instruments et de meilleures machines agricoles ; à cet égard, nous avons encore beaucoup à faire en France. Le fermage des terres, de 60 fr. par hectare, est monté à plus de 100 francs ; mais, au lieu de récolter vingt-quatre hectolitres de froment par hectare, après une jachère, on en obtient trente maintenant, et le froment n'a plus à payer qu'une année de fermage, au lieu de deux.

Quant à M. Bertin, il fait consommer sur sa terre un million huit cent mille kilos de pulpe ; une si abondante quantité de nourriture a permis de donner une très-grande extension aux prairies artificielles ; il a fait

des marnages ou des chaulages considérables ; le drainage, les achats d'engrais pulvérulents sont venus à leur
tour augmenter les produits.

On marne ici, par année, vingt-cinq à trente hectares de terres saines et peu fortes, à raison de cinquante
à cinquante-cinq mètres cubes par hectare ; la marne
employée, contenant quatre-vingt dix-sept pour cent
de carbonate de chaux, produit son effet dès la seconde
année ; au bout de 15 ans, il faut recommencer ces amendements.

On emploie, par hectare, sur les prairies artificielles,
quinze hectolitres de cendres de lignite , dont le prix
est de 1 fr. 60 centimes par hectolitre ; elles échauffent
la terre et l'empêchent de se couvrir de mousse.

M. Bertin a adopté la comptabilité de M. Pluchet et
de M. Dailly, de Trappes.

On mêle des cendres de four à chaux avec celles de
houille, et on les ajoute aux boues des cours, mares et
lavoirs de racines ; on en conduit par an cinquante
mètres, par hectare, sur neuf ou dix hectares de
chaumes. Les écumes de défécation sont portées, à raison
d'une vingtaine de mètres, aussi par hectare, sur neuf
à dix hectares ; c'est un engrais très-énergique.

Quant au fumier du bétail, on le sort tous les jours des
écuries et bouveries, et tous les quinze jours, des bergeries ; on le met couche par couche, en faisant passer les
tombereaux par-dessus le tas. J'ai vu trois de ces tas,
d'une superficie totale de six cents mètres carrés ; ils sont
entourés de rigoles pavées qui emmènent les jus de fumier, dans une citerne garnie d'une pompe pour servir à
l'arrosement des tas ; pendant que l'on monte un de ces
tas, un autre est en fermentation et le troisième se char-
roie. Le fumier des boxes va directement aux champs,
lorsque la bête qui l'occupait est vendue. On fume l'hectare à raison de soixante-cinq à soixante-dix mètres

cubes; et cent hectares sont fumés ainsi par an. On ajoute à cela, tous les ans, de trente-cinq à quarante mille kilos de guano du Pérou, le froment venant après betteraves qui n'ont pas reçu de fumier d'étable, reçoit deux cent cinquante à trois cent cinquante kilos de guano par hectare ; trois cents à trois cent cinquante kilos de guano par hectare, sont employés pour betteraves fumées, mais en terres moins fertiles, on le mélange avec des cendres de lignite.

M. Bertin dit que, malgré la grande masse d'engrais qu'il emploie, il est loin encore d'en avoir autant qu'il en pourrait employer avec profit ; cette grande fabrication de fumier exige un énorme capital, employé en construction d'étables et en achat d'animaux.

Le trèfle ne revient que tous les neuf ans, dans le même champ, il doit bien venir sur cet emplacement qui a reçu, pendant cet espace de temps, deux fumures en fumier, deux en guano, et une en boues ou en écumes de défécations, ou en parcage, ce qui complète cinq fumures en neuf ans.

La fumure d'un hectare revient en moyenne à 200 fr.; voici les sommes qui ont été employées en engrais dans le cours de trois années : dans l'une, 32,328 fr., dans l'autre, 36,418 fr., dans la troisième année, 38,493 fr. Cette dépense est maintenant de plus de 40,000 fr. On parque dix-huit à vingt hectares annuellement, M. Bertin estime le parcage à 60 fr. par hectare.

Les lignes de betteraves sont espacées de trente-sept centimètres ; la semence provient de semenceaux, dont la graine est venue, chaque année, de la ville de Halberstadt, en Prusse. Un semoir bien conduit sème cinq hectares par jour ; on sarcle toutes les fois qu'il y a des herbes ; on éclaircit les betteraves dix jours après le premier sarclage, et on tâche de les espacer à quarante centimètres dans les lignes ; dans les sarclages qui suivent, on dédouble les betteraves restées mal à propos. M. Bertin fait couper les froments le plus tendre possible ; il met alors en fortes moyettes sans liens ; cela se fait à peu près pour le premier tiers de la récolte ; ensuite, s'il fait beau temps, le froment étant plus mûr, on lie, en suivant les sayeurs ; mais si le temps est mauvais ou incertain, on continue à faire les moyettes sans liens ; dans plusieurs moissons, on n'a défait les moyettes pour les lier, que lorsque tout avait été coupé ; lorsqu'on lie les moyettes, elles sont de quatorze gerbes. Le père de M. Bertin a été le premier à faire des moyettes, et cela, dès 1830.

On ne sème ici que des blés anglais, et on renouvelle les semences, en faisant venir tous les ans d'Angleterre, quinze hectolitres de froment.

On fait, en général, de quatre à cinq cent mille kilos de sucre et trois cent mille kilos de mélasse par an ; on ne raffine pas et on ne distille pas.

Depuis l'établissement de la fabrique de sucre, M. Bertin emploie énormément d'ouvriers au mois d'octobre, époque des grands travaux ; la fabrique en occupe cent pour les deux brigades de jour et de nuit ; cent trente mettent en silos ; l'arrachage occupe de deux cent cinquante à trois cents ouvriers. M. Bertin nourrit alors cinquante-cinq domestiques à la ferme.

J'ai quitté l'aimable famille de M. Bertin, le lendemain matin 21 juillet. Quoique jeune encore, c'est un remarquable cultivateur : je l'ai vivement remercié de tous les renseignements, qu'il a bien voulu me communiquer d'une manière si obligeante.

Je me suis alors rendu au château du Belloy chez M. le baron de Foucaucourt. Sa belle habitation est située à vingt-quatre kilomètres de Roye, à huit kilomètres de la ville de Péronne, et vingt kilomètres de la station d'Albert, sur le chemin de fer du Nord. Pendant les six lieues que j'ai parcourues ce matin, j'ai vu un pays généralement fertile, qui a eu singulièrement à souffrir de la grêle, ou au moins du vent violent qui a abattu toutes les récoltes.

J'avais eu l'avantage de passer une journée avec M. de Foucaucourt, au château de Canizy, près de Saint-Lô, en basse Normandie, chez le comte de Kergorlay.

Le baron m'a fait visiter sa belle basse-cour ou petite ferme, destinée à la culture d'une réserve composée de quarante-cinq hectares. Sa terre fait partie d'un canton de la Picardie, connu sous le nom de Sans-Terre, ou pays de mauvais gré, qu'on dénomme encore, pays du Droit de marché ; les propriétaires n'y sont pas maîtres d'augmenter les loyers de leurs fermes, ni de changer de fermiers, ni même de reprendre leurs terres à fin de bail, pour les faire valoir, s'ils en ont envie. S'ils ne se soumettaient pas à cet ancien usage, ils risqueraient de voir mettre le feu chez eux, et le nouvel et imprudent fermier pourrait bien être exposé à être tué à coups de fusil. Le baron, voulant s'occuper de culture sans s'attirer l'animadversion de ses nombreux petits fermiers, leur a offert, il y a dix ans, de leur retirer la moitié de leurs terres, pour ne pas les laisser sans occupations, en leur donnant sept cents francs pour chaque hectare qu'il leur reprendrait. Cet arrangement a été accepté et lui a coûté 31,500 fr. M. de Foucaucourt prétend que ce marché n'est pas si mauvais pour lui, qu'il le paraît, à première vue ; car la valeur vénale de ses terres, avant cet arrangement, n'était que de 2,500 fr. l'hectare ; elle est montée, depuis lors, à 3,500 fr. Ces terres sont naturellement très-fertiles et faciles à cultiver ; mais elles étaient, lorsqu'il les a reprises, complétement sales et usées. Le baron les a marnées, à cent mètres cubes par hectare ; il

les a fortement fumées plusieurs fois depuis lors; il a
drainé celles qui en avaient besoin; et maintenant, elles
lui donnent d'excellentes récoltes.

M. de Foucaucourt m'a fait voir une vingtaine de fort
belles bêtes adultes de race flamande, et beaucoup
d'élèves; il m'a fait remarquer une belle vache durham
de chez M. Vandercolm, une autre, croisée durham, et
enfin, plusieurs autres à robe flamande, mais à carcasse
ressemblant fort à des croisées durham et flamand. Le
pavé, formé de briques posées sur champ, venait d'être
lavé, comme cela se fait tous les matins; le liquide se
rend dans plusieurs citernes, d'où on peut l'employer à
arroser le fumier pailleux placé sous un hangar; on en-
ferme les élèves sous ce hangar, lorsque le temps est trop
mauvais, pour qu'on les sorte dans de petits enclos, à
portée des étables; le purin sert aussi à arroser les enclos gazonnés. Comme on a plus de lait que n'en consomment les élèves et qu'il n'en faut pour le château, le
baron reçoit en pension des veaux pour être engraissés;
ils sont tenus dans des boxes si étroites que les malheu-
reuses bêtes ne peuvent se retourner; ils ne doivent boire
et consommer que du lait, et ils paient par jour 1 fr. 25 c.
jusqu'à l'âge de deux mois. Si on devait les nourrir plus
longtemps et même jusqu'à trois mois, on recevrait
1 fr. 75 c. par jour, le lait ne se trouve payé par cet arrangement qu'à 10 c. le litre. Si on employait le lait à
faire des fromages recherchés, on pourrait le placer à
15 c., mais pour cela, il faudrait avoir pendant quelques
mois, chez soi, une personne sachant faire ces bons fromages; elle montrerait à les bien faire; les meilleurs et
les plus avantageux sont le Brie, le Camenbert, le Chester. D'autres espèces encore se vendent à de bons prix.

Les veaux qu'on élève sont logés seuls dans des boxes,
afin de n'être pas attachés et qu'ils ne puissent se téter
mutuellement; on les met dans de petits enclos lorsqu'il

fait beau; on leur donne du fourrage vert coupé avec
des farines et un peu de tourteau, lorsqu'ils ne boivent
plus.

La grange contient dans un compartiment, une machine à battre de Duvoir, avec une locomobile à vapeur
de la force de cinq chevaux, d'Albaret, un manége à
deux chevaux, de Duvoir, est chargé de mettre en mouvement un hache-paille, un coupe-racine et un laveur de
racines; cette machine à vapeur fait aussi marcher un
moulin à farine, de Bouchon, qui fait soixante-quinze
litres de farine pour le pain employé à la ferme; il moût
aussi la farine destinée au bétail et aux cochons anglais,
une remise contient beaucoup de machines agricoles
perfectionnées, entre autres la machine à moissonner de
Mazier, remplacée depuis, parce qu'elle fatiguait trop les
deux ouvriers qu'elle emploie; cependant ils alternent
dans le soin à prendre pour conduire les chevaux et ensuite pour débarrasser le grain de dessus la moissonneuse; ce grain se trouve tout emmêlé, et ensuite ce travail est si fatigant, que les deux hommes sont obligés
de changer souvent d'occupation afin de pouvoir continuer. La machine achetée pour remplacer la moissonneuse Mazier, est celle de Mac-Cormick Burgess et Key, à
trois rouleaux; elle fait mal les andins et est si dure de
traction, qu'elle fatigue trois bons chevaux; elle emploie
deux hommes, un pour conduire les chevaux, et l'autre
pour marcher derrière la moissonneuse, afin de débour-
rer les rouleaux; j'ai engagé le baron à l'envoyer à Albaret, qui fabrique maintenant une bonne machine, celle
de Mac-Cormick, perfectionnée depuis 1862. M. Albaret
pourra la débarrasser de ses trois rouleaux, qu'il remplacera par un râteau automate qui fait bien, et elle n'emploiera plus que le cocher. MM. Burgess et Key ont renoncé à fabriquer la première, et ont acquis de Mac-
Cormick le droit de fabriquer la seconde, qu'Albaret

établit en France, j'ai vu là aussi la faucheuse Peltier. La culture du baron m'a paru fort bien dirigée, il a le quart de ses terres en récoltes sarclées.

Le baron a bien voulu me faire conduire dans un village, à huit kilomètres de chez lui, d'où une diligence m'a transporté à Albert; le chemin de fer m'a ensuite reconduit à Franssu.

Nous sommes partis M. de Franssu et moi, le 23 juillet, pour aller déjeuner chez le baron de Fourment, au château de Cercams, dans les environs de Doullens; il y possède deux grandes filatures de laine longue (mérinos); il nous a fait visiter la plus grande qui contient parmi toutes les machines les plus perfectionnées, huit machines destinées à séparer les laines courtes d'avec les laines longues; elles sont si compliquées, que chacune d'elles coûte 25,000 fr., une autre de ces machines, sur laquelle il a aussi attiré notre attention, a le mérite de nettoyer les laines d'Australie, et d'autres pays encore à peu près sauvages, des graines de chardon et autres mauvaises herbes qui s'y attachent; cette machine extrait en vingt-quatre heures les gratons de cent kilos de laine, pour 2 fr. 50; ce qui autrefois eût coûté 250 fr. M. de Fourment nous a fait voir des laines de bien des provenances; celles de Champagne sont très-estimées par leur force, elles conviennent beaucoup pour faire des chaînes; celles d'Australie bien choisies, sont les plus fines; enfin celles d'Espagne sont maintenant dans les moins bonnes.

Le baron vient d'acheter vingt-cinq étalons, provenant en grande partie du dépôt du haras d'Abbeville; ils ne feront la monte que dans son département, le Pas-de-Calais; ceux que j'ai le plus admirés, comme étant les plus convenables et les plus utiles pour être employés dans les fermes, pour la charrue et sur les routes , sont les percherons, les boulonnais et ceux dits de Bourbour; mais malheureusement, on engage les propriétaires d'étalons à se monter en chevaux de luxe. J'ai demandé à M. de Fourment combien il avait payé quelques beaux étalons boulonnais, bien convenables pour produire des chevaux de culture; leur prix est d'environ 3,000 fr.

Le château du baron de Fourment est entouré de prés fort considérables, dans lesquels il a fait tracer de belles promenades.

Il a voulu éloigner du château les bâtiments de culture; il termine en ce moment une belle et grande ferme, dont M. Grandvoinet, professeur de génie rural à Grignon, a été l'architecte; le journal d'*Agriculture pratique* a donné, il y a une couple d'années le plan de cette belle ferme, qui contient une distillerie de betteraves. Le baron a pour régisseur un Belge M. Maubach. Après avoir pris congé de M. Fourment, M. de Franssu m'a conduit dans une petite ville du voisinage, où nous nous sommes séparés, lui pour retourner chez lui, et moi pour aller coucher à Saint-Paul.

M. de Franssu a été des plus obligeants pour moi, en me conduisant chez autant de remarquables cultivateurs, et en me donnant les meilleurs renseignements sur sa culture et sur celle de son pays, il m'avait remis pour cela un rapport si bien fait et si intéressant, que je l'ai prié de me permettre de le copier, pour l'insérer en entier dans mon voyage.

FAC BENE NOMINARIS.

« Il y a vingt-et-un ans je me mis à la tête de l'exploitation agricole de Franssu; dès cette époque je pris sérieusement à tâche l'amélioration de cette propriété. Je me procurai de bons auteurs à l'aide desquels j'étudiai la qualité du sol que je reconnus être argilo calcaire; cette première étude faite, je passai la mer pour connaître la culture anglaise, puis je revins en **France** étudier notre belle culture flamande. Au retour de ces deux voyages, les études que j'y avait faites, jointes à la connaissance de la nature de mon sol, me fixèrent sur l'assolement alterne. Mes terres étaient tellement infestées de mauvaises herbes qu'au mois de septembre, après de chétives récoltes, elles ne formaient plus qu'un gazon ; j'employai alors à cette époque le système de l'écobuage, qui me fut d'un grand service comme nettoiement du sol et comme engrais ; mes terres étant ainsi bien débarrassées de toutes les plantes parasites, je fis ensuite un emploi considérable de marne pour alléger une terre essentiellement compacte ; puis augmentant petit à petit mon cheptel, j'arrivai en quelques années à obtenir assez de fumier pour commencer une culture intentive.

« Mon domaine de Franssu se compose d'après le relevé de la matrice cadastrale, de cent trente hectares, soixante-trois ares, trente-huit centiares, dont six hectares, cinquante-huit ares, quarante-huit centiares d'enclos, sur lequel se trouvent bâtis ma maison d'habitation, ma ferme et mon usine, plus douze hectares en rideaux incultes, transformés aujourd'hui en bois, dont le revenu net s'élève à 50 fr. de l'hectare ; reste donc cent douze hectares, quatre ares, quatre-vingt-dix centiares en culture, dont quarante-huit hectares que j'exploite et dont je tire un fermage de 165 fr. l'hectare, avant tout bénéfice pour la ferme ; il reste donc encore soixante-quatre hectares, quatre ares, quatre-vingt-dix centiares que je loue à divers cultivateurs, par baux qui vont arriver à leur fin, à raison de 120 fr. l'hectare, et que je vais reprendre pour tout exploiter moi-même. Ces terres sont de même qualité que celles que j'exploite, et cette différence de 45 fr. de l'hectare vient des améliorations foncières que j'ai faites sur les terres exploitées par moi depuis vingt-et-un ans.

« Le domaine de Franssu se trouve situé à cent quatre-vingt-quinze mètres au-dessus du niveau de la mer, sur un plateau dont la couche arable est d'environ vingt-cinq centimètres, et le sous-sol une argile grasse très-compacte, elle est à cinq kilomètres de Domart en Ponthieu, qui est le chef-lieu de canton où j'écoule tous mes produits.

« Il y a quinze ans, il n'existait aucun chemin praticable ; je suis parvenu malgré une grande résistance des habitants du pays, à obtenir le classement et la confection de trois routes de moyenne communication qui traversent le pays en divers sens, et qui le mettent en rapport avec Domart et Amiens, avec le chemin de fer à la station de Longpré et Abbeville, enfin avec Doullens qui est le chef-lieu d'arrondissement.

« La main d'œuvre devient de plus en plus rare, les ouvriers agricoles se font payer depuis 1 fr. 50, jusqu'à 3 fr. par jour selon la saison, les domestiques à gages sont très-difficiles à trouver. La production du pays est le méteil ; le bétail est défectueux et de race abatardie ; pour suivre une culture intentive, je n'opère que sur soixante hectares divisés ainsi qu'il suit :

Betteraves, douze hectares. — Avoine, quatre hectares. — Warrats, quatre hectares. — Verdures, quatre hectares. — Bois, douze hectares. — Blé, huit hectares. — Trèfle, quatre hectares. — Hivernage, quatre hectares. — Pâturages, huit hectares. — Total, soixante hectares.

« Ces bois je les ai plantés dans des terrains incultes que j'ai mis en rapport à peu de frais ; je les exploite par coupes de douze ans, qui me produisent en moyenne, d'après ma comptabilité 50 fr. de l'hectare.

« Ces bois ont été plantés par moi dans des terrains trop en pentes pour être cultivés, les plantations ont été faites à l'aide de pépinières créées à cet effet et composées de différentes essences ; boursault, acacias, aulnes, frênes, noisetiers, bouleaux, châtaigniers, et pins sylvestres, tous les ans je fais opérer la coupe d'un hectare, je fais déposer le bois coupé par ramiers, puis on opère la vente de ces ramiers à la criée ; un hectare ainsi travaillé est vendu de 600 à 700 fr., ces coupes sont aménagées à douze ans ; les acquéreurs trouvent à cette époque du bois propre à faire des cercles à barils, de la grosse halte pour plafonneurs, et de la verge pour couvrir en chaume. Comme peu de propriétaires exploitent de cette manière, c'est là ce qui fait que mes bois sont aussi recherchés et obtiennent une aussi grande valeur.

« Alternances des diverses cultures, nettoiement convenable du sol par les plantes sarclées, application de fortes fumures aux racines, équilibre entre les plantes épuisantes tel que la fertilité du sol s'accroisse graduellement, production de paille suffisante pour la litière de nombreux bétail, qu'il faut tenir pour la consommation des fourrages, succession des cultures qui répartissent aussi également que possible, les travaux des attelages sur toute l'année ; voici les principes qui m'ont décidé à adopter ce système de culture.

« Les chevaux employés sur le domaine sont de race boulonnaise.

« Un de mes premiers soins fut de bannir la charrue du pays si défectueuse pour son travail, et de la remplacer par la charrue Fleur à laquelle j'ai fait adapter une fouilleuse qui me permet de remuer la terre jusqu'à cinquante centimètres de profondeur, puis j'en suis arrivé à employer le brabant double, qui est la charrue la plus énergique et la seule employée dans les pays avancés en culture, après la charrue vient la herse et le rouleau, j'emploie également avec succès un scarificateur exécuté par Fleur et un extirpateur pour les déchaumages ; ces instruments ne m'ont jamais nécessité la force de plus de trois chevaux ; la houe à cheval de l'exploitation est celle de Bodin.

« La moisson est habituellement faite à la faulx par les hommes du pays, avec lesquels on traite à forfait habituellement à 38 fr. de l'hectare, à charge par eux de faire outre la moisson toutes les corvées, telles que chargement et épandage des fumiers, battage de tous les grains à la machine, etc.

« Les produits sont conservés partie en grange partie en meules, le battage s'opère avec la machine Duvoir, et les grains sont généralement vendus peu de temps après leur battage, les déchets et les avoines de consommation sont passés dans une paire de meules de la maison Bailly, qui montée en même temps que la batteuse et mue par la machine à vapeur, me débite régulièrement un hectolitre à l'heure ; ces grains ainsi concassés me donnent un grand avantage pour l'alimentation des animaux.

« Une partie des pâturages est plantée en pommiers, et le cidre étant la boisson habituelle du pays, sa fabrication a lieu sur pressoir ordinaire, et l'excédant des pommes est vendu tous les ans en novembre à des cabaretiers des faubourgs d'Abbeville.

« Il y a vingt-et-un ans, en me mettant à la tête de cette exploitation, un de mes premiers soins fut dans le voyage que je fis en Flandre, de me procurer quelques bons types de la race bovine flamande, je fus assez heureux dans mon choix, puisque c'est là la souche d'où j'ai tiré les sujets qui ont mérité tant de récompenses dans les grands concours, et principalement en 1860 la médaille d'or grand module, au concours régional d'Amiens, pour amélioration de la race flamande.

« La race flamande est bonne laitière et excellente beurrière, la famille que j'ai possédée avait ces qualités très-développées ; mes vaches me produisaient en moyenne onze litres de lait par jour, soit quatre mille quinze litres par an. Le lait était employé à la fabrication du beurre, on employait généralement vingt-quatre litres de lait pour faire un kilo de beurre, ce beurre était vendu toutes les semaines à des releveurs, qui venaient le prendre chez moi pour l'expédier à Paris ; le petit lait était employé pour la nourriture des porcs que j'entretenais habituellement au nombre de vingt-quatre à trente, et que je renouvelais très-souvent ; c'est un commerce assez lucratif dans notre pays, que d'acheter des petits porcelets de deux mois et de les revendre à quatre mois, ils sont généralement vendus à cet âge le double du prix qu'ils ont coûté et n'ont presque rien consommé.

« La comptabilité est tenue en partie double. Telle a été la première période de ma culture qui a duré dix-huit ans ; j'en étais arrivé alors, en 1861, à avoir nettoyé toutes mes terres des herbes adventices et ameubli mon sol à l'aide de forts marnages, à obtenir le fourrage nécessaire à la nourriture d'un nombreux bétail, qui équivalait à deux tiers de tête de gros bétail à l'hectare, soit seize mille kilos de pied vif.

« Mes terres qui avaient à mon entrée en 1843 une valeur locative de 70 fr. l'hectare, en étaient arrivées au prix de 110 fr. Mais je ne trouvai pas encore ce résultat assez satisfaisant, et pour arriver à augmenter encore mon cheptel vivant et par là la masse de mes engrais, je résolus l'annexion de l'industrie à mes cultures.

« Malgré toutes les difficultés que je prévoyais à l'introduction de l'industrie dans un pays où il n'en existe pas encore, je décidai l'établissement d'une distillerie agricole et d'une huilerie.

« Au mois de mars 1861, je posai la première pierre de mon usine, après m'être toutefois assuré le concours des cultivateurs mes voisins, pour la livraison annuelle d'un demi-million de kilos de betteraves, quantité à peu près égale à celle que ma culture pouvait produire. Au mois de novembre de la même année, je mettais en train; dire toutes les difficultés que j'ai eu à surmonter la première année, tout industriel le comprendra.

« Je fus néanmoins assez heureux pour les surmonter toutes et arriver à la fin de l'année, en équilibrant les recettes et les dépenses de ma distillerie; c'était déjà beaucoup de ne pas éprouver une perte une première année avec des cours aussi bas; les comptes de l'huilerie furent plus heureux. Les huiles de colza pour l'éclairage n'avaient pas encore à redouter la concurrence du pétrole, les huiles de lin pour la peinture se vendaient bien et les tourteaux étaient un complément indispensable pour l'engraissement de mes animaux, qui m'offraient, fin d'année, de beaux bénéfices et des fumiers abondants, qui me permettaient déjà quelques labours profonds dont les résultats sont toujours si heureux, quand ils sont judicieusement conduits.

« La seconde année fut plus heureuse, l'expérience était acquise. Un bon distillateur, des betteraves riches et un prix plus élevé des alcools me donnèrent un bénéfice inespéré; j'arrivai à terminer mon travail de défoncement de toutes les terres de la ferme et les récoltes de 1864 me démontrèrent, qu'arrivé à entretenir huit chevaux, — vingt vaches, — deux cents moutons et dix porcs, en tout quarante-neuf têtes de gros bétail, soit une tête ou cinq cents kilos de pied vif à l'hectare, était le plus beau résultat obtenu jusqu'ici dans tout l'arrondissement de Doullens.

« Mes terres avaient acquis une valeur de 165 fr. à l'hectare.

« Tel a été le résumé de cette seconde période qui en trois années a augmenté la valeur locative de 55 fr. à l'hectare, tandis que la première période de dix-huit ans n'avait augmenté cette valeur que de 40 fr.

« Ces chiffres parlent assez haut, pour démontrer l'utilité de l'annexion de l'industrie à l'agriculture, chose si reconnue déjà dans tous les départements du nord de la France, où l'agriculture a fait tant de progrès depuis vingt ans.

ÉTAT DES ANIMAUX ENTRETENUS DANS LA FERME DE FRANSSU.

« Huit chevaux, — vingt-deux vaches, — deux cents moutons, soit vingt têtes de gros bétail, — huit porcs ou une tête de gros bétail.

« Soit en total cinquante-une têtes de gros bétail à cinq cents kilos de poids vif par tête fera vingt-cinq mille cinq cents kilos de viande.

« Plus quatre-vingts à cent volailles, — oies, — canards, — dindons et poules.

ETAT DU PERSONNEL DE LA FERME DE FRANSSU.

« Un premier charretier. — On lui donne un aide pendant six mois de l'année : avril et mai pour les semailles de printemps ; septembre, octobre, novembre et décembre pour la rentrée des moissons et le transport des betteraves à l'usine.

« Un berger. — Il soigne toute l'année deux cents moutons.

« Un vacher. — Il entretient toute l'année vingt à vingt-cinq vaches.

« Une femme de ménage. — Elle entretient le linge de la ferme, prépare la nourriture des domestiques et fait le service de la cour, poulailler et porcherie.

« Un distillateur. — Il dirige l'usine pendant l'hiver et je le conserve le reste de l'année comme surveillant, chef de culture et distributeur des rations.

« La moisson est faite en tâche ainsi que toutes les corvées, les binages des betteraves sont faits en tâche, ainsi que l'arrachage et la mise en tas des feuilles, à raison de 66 fr. l'hectare.

« Le chargement des betteraves dans les voitures est fait à raison de 0 fr. 10 c. par tombereau.

« Le travail de l'usine est fait en tâche à 2 fr. par macérateur de mille cinq cents kilos (pour ce prix on comprend tont le travail depuis le lavage de la betterave jusques et y compris la mise en silos des pulpes. Le chauffeur est compris aussi dans ce prix de 2 fr. par macérateur). L'année dernière, j'ai eu comme aide distillateur un jeune homme (M. Paul Gourdet) sortant de l'école des arts et métiers de Châlons, qui a passé chez moi l'hiver comme élève sans traitement pour étudier la distillerie. Ce jeune homme était très-intelligent et m'a rendu de grands services.

« La fabrication de l'huile (colza et lin) est faite aussi en tâche à raison de 3 fr. par tonne de cent kilos.

ÉTAT DU PERSONNEL DE L'USINE DE FRANSSU.

« Un homme pour emplir les paniers de betteraves.

« Un homme pour porter les betteraves au laveur.

« Un homme pour porter les betteraves au coupe-racines.

« Un homme pour emplir les macérateurs.

« (Ces quatre hommes vident les macérateurs et chargent les pulpes.)

« Un homme pour conduire et arranger les pulpes dans les silos, par le chemin de fer, et les arranger.

« Un homme chauffeur.

« Total six hommes.

« On fait huit macérateurs par jour ; quelquefois neuf macérateurs qui sont payés 2 fr. par macérateur.

« Ces hommes gagnent donc 2 fr. 65 pour minimum et 3 fr. pour maximum par jour.

« Un homme pour conduire le moulin à l'huile qui gagne 3 fr. par tonne d'huile fabriquée.

ÉTAT DES INSTRUMENTS DE LA FERME DE FRANSSU.

« Un scarificateur en fer. — Un extirpateur en fer. — Une charrue Wasse en bois. — Un binot en bois. — Une charrue Fleur en fer. — Deux brabants doubles en fer. — Une herse à bras en bois et fer. — Une herse à tête en bois. — Deux herses simples en bois. — Une herse (en zigzag) articulée en trois panneaux de fer. — Un fort rouleau. — Un rouleau hérison dit Croskill brise mottes. — Un semoir Jacquet Robillard. — Un semoir à brouette. — Une houe Bodin. — Une butteuse pour pommes de terre. — Un tonneau arrosoir pour purin. — Une pompe Faure pour élévation des purins des citernes dans le tonneau. — Un wagon (Suc) circulant sur un chemin de fer, pour le transport des pulpes des macérateurs aux silos et des silos à l'intérieur de la ferme (aux vacheries et bergeries). — Une batteuse Duvoir. — Une paire de meules pour concasser les grains, de la maison Bailly. — Un hache-paille Dombasle. — Une pompe à incendie et une baratte Lavoisy. — Un concasseur de tourteaux. »

Une diligence m'a conduit le lendemain à Arras. En route, une belle dame, que j'ai su plus tard être la comtesse de Clérambault, est montée dans le coupé, où je me trouvais seul. Mme de Clérambault a bien voulu me dire qu'elle s'occupe de culture dans une terre de ces environs; elle a un taureau durham. Mme de Clérambault était accompagnée d'un officier d'état-major, M. de Saint-Georges, qui m'a appris que son père avait acheté la terre de Bussière, dans les environs de Châteauroux, où il s'occupe d'améliorations agricoles.

Je suis parti d'Arras en cabriolet pour me rendre chez M. Proyart, au château de Hendecourt-lèz-Cagnycourt, dans un canton paraissant des plus fertiles. M. Proyart étant à un concours agricole, madame a eu la bonté de me faire montrer l'établissement agricole, qui est très-important. M. Proyart a ramené d'Angleterre, il y a quelques années, un taureau et une vache durham ; depuis lors, il a élevé un grand nombre de croisées durham flamandes, dont le chiffre est de quatre-vingt-dix têtes. Il m'a paru trop considérable pour l'étendue des étables qui m'ont paru mal aérées ; ces pauvres bêtes y sont fort mal à l'aise et souffrent beaucoup de la chaleur.

J'avais admiré au concours agricole de Cologne dix-huit ou vingt jolies gerbes des plus belles céréales que M. Proyart y avait exposées.

J'ai pris congé de Mme Proyart, qui m'a engagé très-obligeamment à attendre son mari, et voulait me faire rafraîchir. En rentrant à Arras, les récoltes que j'ai aperçues, en faisant cinq lieues sur la route de Cambrai, étaient plus belles que celles que j'avais vues, pendant les huit lieues parcourues entre Saint-Paul et Arras. Arrivé à cinq heures, j'ai pu profiter d'un train pour me rendre d'Arras à Lens, où je venais passer quelques jours chez M. Decrombecque.

Les cent quatre-vingts hectares de betteraves qu'il cultive avec les plus grands soins, sont maintenant toutes semées sur billons contenant le fumier, qu'on y place humecté, et qui est de suite recouvert, comme cela se fait depuis de longues années pour les turneps en Écosse et dans le nord de l'Angleterre. A Lens, les lignes de betteraves placées sur les billons se trouvent séparées de leurs voisines par quatre-vingts centimètres et les racines doivent être éclaircies dans les lignes à dix centimètres.

M. Decrombecque fait, autant que possible, dans ses terres les plus fortes, ses billons à partir de la fin des semailles d'automne ; il continue tant que l'état de la terre le permet, et qu'il dispose encore de fumier pour le mettre dans les billons qu'on referme de suite, après l'y avoir déposé. M. Decrombecque commence à semer les betteraves en mars, aussitôt que la terre est assez saine ; la graine ne lève que lorsqu'il fait chaud ; si les premières betteraves levées venaient à geler, il en lèverait encore assez plus tard pour garnir les billons, ce sont les premières semées qui échappent le mieux aux nombreux insectes qui les dévorent dans leur jeune âge. M. Decrombecque roule, après cette semaille, dès que la terre est assez sèche, il emploie pour cela même des rouleaux Crosskill les moins lourds ; le tassement de la terre qui convient beaucoup aux betteraves, a encore le mérite d'être contraire à la circulation sous terre, des vers et insectes. Si M. Decrombecque s'aperçoit que les betteraves sont coupées sous terre, il roule encore plusieurs fois avec de plus lourds rouleaux Crosskill : de cette manière, on évite d'être forcé de semer deux fois. Il ne repique jamais de betteraves dans les places où elles ont manqué, mais il y sème des rutabagas ou des navets. Cependant, M. Decrombecque repique des champs entiers, soit après l'enlèvement d'un fourrage semé à l'automne, soit sur des champs trop sales et qui avaient besoin d'une demi-jachère. On a reconnu en Allemagne, à la suite d'analyses répétées, que ces betteraves repiquées sont plus sucrées que celles venues de semences.

Les semailles les plus tardives cessent vers la fin de mai, et on repique pendant tout le mois de juin. On ne se sert pour cela que de gros plants ; on sarcle fort souvent à la houe à cheval, les intervalles creux qui se trouvent entre les lignes de betteraves ; par l'extrême sécheresse qui a duré jusqu'aux jours derniers, il employait souvent une nouvelle machine que je n'avais pas vue encore, ni ici, ni ailleurs. Elle se compose d'un brancard fixé à un petit avant-train supportant une planche longue de deux mètres et large de quarante centimètres. A cette planche sont attachées trois triples et assez grosses chaînes réunies; elles ont environ trois mètres de longueur, au bout des chaînes sont fixées des espèces de masses de fer grosses comme le poing. Lorsque la machine marche sur un chemin, ou lorsqu'on tourne, au bout des lignes des planches à sarcler, les trois chaînes agglomérées sont placées sur la planche, et lorsque la machine est à l'œuvre, ces trois triples bouts de chaînes sont traînés dans trois intervalles séparant les lignes de betteraves. Lorsque le cheval marche, ces bouts de chaînes, avec leurs masses au bout, tassent la terre, tout en détruisant par le frottement les mauvaises herbes. Ce qui est certain, c'est que jusqu'à cette heure, je n'ai vu nulle part d'aussi belles betteraves que les premières semées, de la culture de M. Decrombecque, et il en a en tout cent quatre-vingts hectares. Après avoir essayé, l'automne de 1862, le froment généalogique de Hallett, de Brighton, M. Decrombecque en a acheté une certaine quantité, qu'il a payée 65 fr. l'hectolitre; maintenant, il ne sème plus d'autre froment que celui-là, tant il en est content. Ce froment a une paille de plus de cinq pieds lorsqu'il est semé dans une bonne terre, il ne verse pas, il n'a pas gelé pendant l'hiver de 1863 à 1864, où beaucoup d'autres variétés l'ont été fortement : son produit a dépassé quarante hectolitres pendant trois années de suite, lorsqu'il était en bonne position. Enfin, cette année, pendant la très-pluvieuse moisson du département du Nord, il n'a pas germé à côté de bien des variétés de froment, qui ont eu beaucoup à souffrir de cet inconvénient. Il faut ajouter à tous ces avantages, que si le champ à semer en froment est prêt à la fin du mois d'août ou au commencement de sep-

tembre, il suffit alors d'y semer avec un semoir, de vingt
à vingt-cinq litres de froment Hallett pour un hectare,
et on récoltera une quarantaine d'hectolitres. M. Decrombecque ne sème en céréales que du froment Hallett, il
trouve plus de profit à produire ce grain que d'autres,
dans ses terres fortement fumées pour les racines et
tenues très-propres par les nombreux sarclages donnés,
à ses betteraves, à une certaine quantité de carottes faites
pour ses trente-sept chevaux, et enfin, à une grande
étendue de navets faits après l'orge d'hiver; ces navets
sont semés en lignes sur billons, et la graine en est mêlée
à la poudrette, qui n'a pas l'inconvénient de brûler les
germes, comme le guano, le nitrate de soude, ou même
le tourteau de colza pulvérisé. La rareté du fourrage, dû
à l'extrême sécheresse de cette année, lui fait penser qu'il
placera ses navets avantageusement cet automne. Quant
à lui, il achète à Dunkerque des orges d'Egypte ou d'Al-
gérie, suivant leurs prix, des avoines de Bretagne, qui
ne lui coûtent pas trop cher. Le port par chemin de fer
de Dunkerque chez lui, revient à 40 c. les cent kilos. Il a
l'habitude d'avoir toujours du fourrage pour une année
d'avance. Ainsi, il est bien pourvu : il a quarante hectares de luzerne en terre, et il achète habituellement des
vesces d'hiver à petit prix. Il achète de même, pour litières, des pailles de colza ou d'œillette à très-bon compte,
car il en use beaucoup pour sa grande quantité de bétail,
tenue soit pour le travail, soit pour l'engrais; car ce même
bétail consomme beaucoup de paille hachée, mélangée à
d'autres denrées. M. Decrombecque a fait venir récemment d'Angleterre une houe à cheval de Garett pour
cultiver ses froments : cette houe sarcle treize lignes à la
fois; elle est malheureusement encore fort rare en France.
Il a douze charrues à doubles versoirs de Howard, pour
faire les billons à récoltes sarclées.

J'ai vu aussi pour la première fois en France, chez

M. Decrombecque, un hache-paille coupant la paille aux différentes longueurs qu'on désire : la paille destinée à servir de litière est coupée à vingt-deux centimètres.

M. Decrombecque arrache toutes ses betteraves avec des charrues sans versoirs, espèces de charrues fouilleuses : cette méthode lui procure une grande économie ; il a, depuis bien des années, une batteuse anglaise, marchant par la vapeur ; elles ont été bien perfectionnées depuis lors. M. Decrombecque a adopté depuis longtemps beaucoup d'instruments agricoles anglais. Je suis bien étonné qu'il n'ait pas encore acheté la charrue et le scarificateur à vapeur de Fowler ; ces excellents instruments lui seraient bien utiles. Mais je suis bien plus étonné qu'il n'ait pas encore de moissonneuse : cependant, il en existe en France deux excellentes, venues d'Amérique ; elles n'ont besoin que du conducteur des chevaux pour très-bien fonctionner et pour couper par jour, de quatre à cinq hectares de froment, mieux qu'à la faux ; leur prix ne dépasse pas 900 fr. L'une de ces moissonneuses a été inventée par Morgan et est fabriquée par M. Philippe Durand à Lignières, département dn Cher ; elle a remporté le premier prix au concours régional d'Amiens. L'autre moissonneuse est celle de M. Mac-Cormick, perfectionnée par lui, et fabriquée par M. Albaret, rue Lafayette à Paris, elle a remporté le second prix au même concours. Faute de moissonneuse, M. Decrombecque se trouve en retard pour sa moisson, il est forcé de rechercher de tous côtés des femmes qu'il prend à la journée, à 1 fr. 25 c., pour fauciller près de terre. Ses céréales, récoltées ainsi, lui reviennent beaucoup trop cher : douze femmes ne coupent qu'une mesure du pays, de quarante-deux ares ; cela fait plus de 34 fr. par hectare pour couper sans lier, tandis qu'un homme et quatre chevaux lui couperaient cinq hectares dans leur journée. Ainsi, ce serait une simple dépense de 18 fr., grâce à laquelle il ne serait jamais réduit à couper une céréale trop avancée en maturité. Il lui en coûte de 19 à 20 fr. pour faire couper un hectare à la sape, mais on ne peut avoir des sapeurs en nombre suffisant pour couper tout à temps, pour peu que le temps chaud fasse mûrir plusieurs genres de céréales en même temps, et cela arrive assez souvent.

Il est très intéressant d'étudier chez M. Decrombecque les dispositions prises, pour faciliter le service de la nourriture des animaux, et la manière dont cette nourriture est préparée.

Le hache-paille est au second étage d'un grenier peu élevé, ayant une communication directe avec le grenier à fourrages : ces fourrages, coupés, tombent dans un cylindre en toile métallique, qui les débarrasse de la poussière qu'ils contiennent. Ainsi nettoyés, ils sont dirigés, par des passages ménagés à cet effet, dans des citernes établies au rez-de-chaussée : ces citernes, de forme circulaire, et bien enduites de ciment, sont faciles à nettoyer : c'est là que se fait la fermentation de la nourriture des animaux. Dans une pièce voisine sont broyés les tourteaux ; c'est aussi là que l'orge est mise à tremper pendant quarante-huit heures, et soumise ensuite à un certain degré de cuisson qui la fait crever. C'est là encore que l'avoine est aplatie.

Voici quelle est la ration d'un cheval, et comment on procède à sa préparation :

Elle se compose de trois kilos de paille, trois kilos de foin, trois kilos d'un mélange de seigle, orge, vesces et pois, semés ensemble à l'automne.

Ces fourrages sont coupés à une longueur de deux centimètres pour les chevaux. Bien purgés de la poussière qu'ils contenaient, ils tombent dans l'une des citernes, où on les humecte avec quatre litres d'eau chauffée en hiver. Quand ils sont suffisamment humectés et bien tassés, on les saupoudre avec un mélange composé de trois kilos d'avoine et trois kilos d'orge pesés avant d'être aplatis, ou humectés, ou cuits ; on y ajoute cent grammes de sel et un kilo de tourteaux de colza, d'œillette et d'arachide par portions égales. On recouvre alors soigneusement la citerne avec un couvercle en bois, et pour mieux empêcher l'air d'y pénétrer, on répand au-dessus de ce couvercle une couche de ce fourrage haché. En hiver, la fermentation est continuée pendant quarante-huit heures, et seulement trente heures en été.

Cette ration d'environ seize kilos est donnée aux chevaux en trois repas. Au moment des grands travaux, et surtout par le mauvais temps, on double à peu près la provende.

La nourriture des bêtes à cornes, de travail ou à l'engrais, est la même, à peu de chose près : elle diffère de celle des chevaux, en ce qu'on n'y met pas d'avoine ; mais l'orge bouillie s'y trouve aussi à raison, par tête de bétail, de trois kilos, pesée étant sèche, puis neuf kilos de coupage et deux kilos de tourteaux et du sel mélangés. Vers le milieu de l'engraissement, les bêtes reçoivent en supplément de un à trois kilos de tourteaux de lin, suivant leur taille, et suivant l'époque plus ou moins avancée de l'engraissement, elles ont, avec cela, dix-huit kilos de pulpe. Leur nourriture, pour vingt-quatre heures, pèse vingt-cinq kilos. Le fourrage coupé doit avoir quatre centimètres de longueur pour les bêtes bovines.

M. Decrombecque fait acheter, depuis longues années, à Paris, et dans plusieurs autres lieux, des chevaux encore jeunes et bien conformés, mais poussifs. La plus grande partie de ses trente-sept beaux et forts chevaux, qui sont plutôt trop gras, tout en travaillant onze heures par jour, ont été achetés poussifs, et ils sont guéris, du moins en apparence. M. Decrombecque vient encore de ramener du marché de la ville de la Bassée une forte et belle jument âgée de six ans, qui ne lui a coûté que

150 fr.; il a maintenant six chevaux, assez récemment achetés, qu'on soigne à part et qui reçoivent, avec leurs trois rations de la nourriture ordinaire, un kilo de mélasse de sucrerie. Une chose à observer, c'est que lorsque les chevaux ne rentrent pas pour les heures de repas, on emporte toujours la nourriture qu'ils doivent consommer hors de chez eux.

Occupons-nous maintenant de la tenue des écuries.

Les mangeoires des chevaux sont profondes d'environ trente-trois centimètres; leur largeur peut avoir cinquante centimètres, en suivant la ligne qui va du cheval au mur; celle destinée à contenir leur nourriture préparée, a soixante-dix centimètres, et se trouve bornée, de chaque côté, par une barre de fer rond, afin d'empêcher l'animal gourmand, qui recherche les parties les plus appétissantes de sa ration, de faire tomber cette nourriture hors de la mangeoire. Si ces deux barres ne suffisent pas pour prévenir cet inconvénient, on en place une troisième entre les deux; les mangeoires doivent être vidées entre les repas et tenues très-propres.

Depuis une douzaine d'années, M. Decrombecque a adopté l'usage de laisser le fumier de tous ses animaux, les chevaux compris, s'accumuler pendant un mois sous eux; mais on a le soin de répandre journellement le fumier qui est tombé pendant les vingt-quatre heures derrière eux, en le jetant en avant, pour tenir leur couche aussi plate que possible; on approche ensuite une dizaine de brouettes de terre argileuse, mais pulvérulente, pour une écurie contenant trente et quelques chevaux; cette terre est répandue sur les crottins, ainsi que sur les parties humides dont elle absorbe l'ammoniaque; par-dessus la terre, on répand ensuite de la litière coupée à vingt centimètres; on en alloue quatre kilos à chaque animal, par vingt-quatre heures, l'emploi de cette litière courte, facilite singulièrement le chargement et l'épandage du fumier, cette méthode d'arranger le fumier a en outre l'avantage de former une bonne couche pour l'animal, d'améliorer grandement la qualité du fumier, d'économiser la litière et enfin d'éviter que l'ammoniaque se volatilise et infecte l'air ; c'est ce qui arrive, lorsqu'on enlève chaque jour les gros excréments et qu'on relève la longue paille sous la mangeoire ; le pavé humecté par l'urine, se trouvant mis à découvert, les yeux et la respiration des hommes ainsi que des chevaux en sont incommodés. M. Decrombecque a établi à proximité des écuries, étables, ou boxes, des hangars qu'on a soin de remplir en été d'argile sèche et pulvérisée, pour en avoir pendant l'année entière ; trois hommes sont chargés de la préparation de la nourriture des animaux, qui dans la mauvaise saison, s'élèvent jusqu'à quatre cent cinquante têtes, les attelages compris. Ces mêmes hommes soignent les écuries, qui n'ont presque pas d'odeur. La nourriture étant toute coupée et préparée, procure une très-grande économie ; on peut nourrir au moins un tiers de bêtes de plus, avec les mêmes quantités de fourrages dans les fermes où elle est adoptée, les animaux qui la reçoivent, achèvent plus vite leur repas du soir, et peuvent se reposer bien plus longtemps. Dans les autres fermes, les animaux sont forcés de mettre beaucoup de temps à mastiquer leurs fourrages secs et longs, ce qui en outre fatigue beaucoup la mâchoire et les dents.

Les bêtes à l'engrais sont la plupart en boxe ; il y a aussi quelques boxes destinés aux chevaux malades. M. Decrombecque vend un assez grand nombre de grosses briques, à 12 fr. le mille ; le fond de terre est si épais dans cette partie du territoire, que son maître briquetier en prend jusqu'à dix pieds de profondeur ; un briquetier qui en fabrique dans le champ voisin et n'est pas surveillé d'aussi près par les administrateurs des houillères, quant à la plus ou moins bonne qualité de la terre à briques, emploie tout le sol, jusqu'à quinze pieds de profondeur ; le Belge qui fait les briques pour M. Decrombecque, a amené de la Flandre belge, quatre hommes bien choisis pour la force, et deux gamins, ces gens forment un atelier qui travaille à son compte ; ils font pendant les longs jours neuf mille briques par vingt-quatre heures, ils emploient deux petites machines, qui pressent chacune d'un coup deux briques ; la terre n'est pas humectéé, mais elle est employée de suite, après avoir été tirée, et après avoir été passée par un macérateur, deux hommes sont chargés de faire cette opération, et d'approcher la terre à côté des briquetiers, qui, chacun avec son gamin, occupent une machine ; ils rangent les briques sous un hangar près duquel ils les fabriquent. Le maître briquetier qui fournit les machines et trouve l'ouvrage à faire, reçoit de M. Decrombecque 3 fr. par mille briques sèches, et 2 fr. par mille briques cuites, et prêtes à être employées. Il paye à l'atelier 2 fr., et a pour son compte, pour la façon des briques crues, 1 fr. par mille ; je ne sais ce que lui coûtent la formation du fourneau et la cuisson.

Cet homme m'a dit qu'il irait fabriquer des briques partout où l'on voudrait lui donner de la terre convenable, et en lui fournissant tout, il demanderait 10 fr. par mille de grosses briques, si c'était dans le nord de la France, s'il fallait aller plus loin, il demanderait en sus les frais de voyage, il m'a prié de prendre son adresse que voici : Pierre Gévaert, maître briquetier à Lens (Pas-de-Calais).

M. Decrombecque fait inoculer toutes les bêtes bovines qu'il achète depuis qu'il a appris à connaître l'invention si utile du docteur Wilhems, ce digne homme qui en a si généreusement fait don à son pays, et par suite au monde entier ; mon hôte en a toujours obtenu les meilleurs résultats. Cette opération ne doit plus se faire dès que le temps est devenu chaud. Lorsque la queue vient à s'enfler, par suite de l'inoculation de la péripneumonie, il faut de suite scarifier fortement les parties dans toute la longueur enflée, et appliquer un fer rouge sur toutes les blessures.

On pèse toutes les bêtes destinées à être engraissées au moment de les mettre à ce régime ; on les pèse de nouveau quelque temps après ; si on voit qu'elles ne profitent pas suffisamment, on s'en défait, on pèse de nouveau les bêtes engraissées lorsqu'il s'agit de les vendre, afin de savoir au juste ce qu'elles valent. Ce sont les génisses et les jeunes vaches, sur l'engrais desquelles on gagne le plus.

On venait de recevoir pour les engraisser des vaches cotentines, achetées dans les environs de Paris, et des bœufs francomtois. Les dernières bêtes grasses vendues à Lille, l'ont été à raison de 73 centimes le kilo vif. M. Decrombecque se rend aujourd'hui dans cette ville, pour y vendre quatorze bêtes grasses ; ce pays est singulièrement changé depuis qu'on y a découvert des houillères.

On y a établi un grand nombre de puits de charbon de terre, et on y a construit de tous côtés, d'immenses bâtiments pour loger d'innombrables mineurs ; la population de beaucoup de communes s'est ainsi plus que doublée, entre autres celle de Lens, qui avait trois mille habitants, et en contient maintenant plus de six mille ; cette augmentation de population en même temps que la production du charbon de terre a amené la construction de cinq chemins de fer ; l'un va à Arras, l'autre à Hazebrouk, le troisième à Lille, le quatrième à Douai, et le cinquième à la Bassée.

M. Decrombecque sème tous ses froments au semoir, ce qui lui fait une grande économie sur plus de cent hectares emblavés en cette céréale ; lorsqu'il sème à la fin de septembre, il n'emploie que quatre-vingts litres pour ensemencer un hectare; quinze jours plus tard il met cent litres, et cent-vingt dans le mois de novembre.

J'ai pris congé de M. Decrombecque et de sa nombreuse et aimable famille, et je suis allé faire une visite à M. Brâme, maire depuis dix-sept ans de la commune de Bully-Grenay, située à quelque distance de la première station du chemin de fer de Lens à Béthune; M. Brâme s'est marié en 1848. A cette époque, il a repris de son père les bâtiments, la monture de la ferme, et un hectare cinquante ares d'enclos, pour la somme de 55,000 fr.; dans un autre moment, tout cela eût été estimé au moins 70,000 fr., il resta le débiteur de son père pour 30,000 fr., qu'il a pu rembourser depuis. J'avais fait la connaissance de M. Brâme chez M. Decrombecque, et il m'avait engagé à venir le voir; son mobilier actuel vaut selon lui, au moins 100,000 fr., sans compter toutes les augmentations et améliorations qu'il a apportées à sa ferme. M. Brâme et son frère, fermier dans la même commune, ont établi à frais communs, une distillerie de betteraves à la Champonnois; elle fabrique quarante mille kilos de racines par vingt-quatre heures; ils paient les betteraves 16 fr. 50 les mille kilos, malgré le bas prix de l'alcool, ils ont les résidus comme bénéfice.

M. Brâme cultive cent hectares, dont il a pu acheter la partie qui touche ses bâtiments; le prix des terres de première classe est dans ces environs de 6,000 fr. l'hectare, celui de la deuxième classe est de 4,500 fr., celui de la troisième classe, dont le sous-sol de craie approche de la surface, vaut encore 2,000 fr. M. Brâme vient de payer 1,100 fr., pour un hectare vingt ares, dont le chemin de fer avait enlevé jusqu'à la craie, une épaisseur de huit pieds de terre franche; puis il a acheté 1,300 fr., dix-huit ares qui touchent le champ dénudé, dont les huit pieds d'épaisseur de bonne terre, vont servir étant conduite à la brouette, à le couvrir. M. Brâme estime que cette opération pourra lui coûter encore environ 1,300 fr. Ces deux pièces de terre, faisant ensemble un hectare trente-huit ares, lui coûteront donc 3,100 fr.

Le bétail de M. Brâme peut être évalué à une tête par hectare, en comptant ses quinze bons et gros chevaux boulonnais, ses nombreuses vaches, ses élèves de race flamande, et enfin sa grande porcherie d'espèce york-shire, il ajoute au fumier que ces bêtes produisent, les vidanges de 1,400 ouvriers mineurs, très-bien logés dans de fort belles casernes nouvellement construites dans sa commune; il mélange ces vidanges avec à peu près le double de leur volume, en chaux fusée qu'il fabrique; il achète en outre beaucoup de guano, de cendres, de suie et de résidus de distillation; ses fumures pour betteraves, sont de quarante mille kilos, il ajoute en engrais acheté, tout ce qu'il faut pour avoir de bonnes racines, il fait des betteraves, deux années de suite dans le même champ, en les fumant chaque fois. M. Brâme a fait cette année, des expériences comparatives entre plusieurs engrais, il les a employés, en dépensant pareille somme sur chaque expérience. Il assure que chez lui un froment semé après deux récoltes semées au printemps, donnera certainement une bonne récolte; elle sera bien meilleure que si le fro-ment venait après une seule récolte semée de même au printemps; je n'avais jamais ouï dire cela.

M. Brâme est allé à l'exposition universelle de Londres, en 1862; il en a ramené quelques jeunes bêtes durham, non portées sur le herdboock; elles viennent de produire leurs premiers veaux.

Je me suis rendu de là, chez M. Fiévet, à Masny, à une lieue de la station de Montigny, la seconde en venant de Douai sur le chemin de fer de Valenciennes. M. Fiévet vient encore d'augmenter sa magnifique ferme, en y construisant une belle étable pour loger deux cents bêtes à l'engrais, il a suivi l'exemple que donnent les fermiers anglais, qui ne veulent pas de greniers entre les bêtes et la toiture ; M. Fiévet fait appliquer une couche de joncs, au-dessous des pannes ou tuiles en usage dans le nord, ce qui rendra l'étable moins froide en hiver, et moins chaude en été.

Les bêtes sont placées dans cette étable sur quatre doubles rangées, séparés les unes des autres par des corridors qui ont chacun leur petit chemin de fer ; celui placé entre les mangeoires, sert pour amener et distribuer la nourriture ; ces mangeoires sont formées avec des briques courbes, fabriquées pour cet usage : les chemins de fer passant entre les deux rangs de bêtes qui se tournent le dos, servent à amener la litière et à emmener le fumier sur des tombereaux ne servant qu'à cela ; on enlève ici le fumier, tous les jours. Les bêtes sont abreuvées sans avoir à sortir de l'étable ; mais elles ne peuvent pas boire en mangeant, comme peuvent le faire les chevaux de la même ferme. Le fumier est déposé dans une place à fumier, longue, peu large, mais creuse, qui doit être couverte ; elle est bordée des deux côtés d'un chemin qui permettra aux tombereaux de fumier d'être acculés au-dessus du fumier, si le tas est à son commencement, ou au pied, s'il est déjà élevé. Il existe sous l'étable de grandes citernes pour recevoir les urines, qu'une pompe élèvera dans une tonne ; on pourra y ajouter la quantité d'eau voulue, le purin s'écoulera aisément pour remplir les tonneaux d'arrosage.

Une forte machine à vapeur est placée de manière à pouvoir mettre en mouvement d'assez nombreux instruments ; elle fait marcher les deux machines à battre, l'une d'elles vient d'être fournie par la maison Garett, de Saxmundham, en Suffolk ; elle a coûté 2,800 fr., elle bat cent hectolitres de froment en dix heures, le grain en sortant de la machine, tombe dans quatre sacs différents, suivant sa qualité et sa propreté ; le 1er des sacs en fournit d'assez propre pour servir de semence. La machine dessert quatre cylindres, formés en tôle, qui peuvent loger trois mille hectolitres ; ils sont placés debout dans une tour carrée et fort élevée, construite en briques. La machine à vapeur fait aussi tourner une paire de meules à faire la farine, le hache-paille, car tout le fourrage est coupé ici, mais non pas fermenté ; un aplatisseur d'avoine, un brise-tourteaux, des tarares et des séparateurs pour nettoyer le grain, une scie rotative et une pompe qui envoie l'eau partout où on en a besoin dans la ferme. Un petit chemin de fer sert à amener le foin et la paille au hache-paille. Il existe de nombreux hangars, grands et petits, pour que chaque laboureur ait un emplacement, afin de ne laisser jamais traîner la machine dont il s'est servi, sans la mettre à couvert et à sa place.

Il y a ici des granges immenses ; il eût bien mieux valu avoir en place, des hangars, où les grains et les fourrages s'entassent plus facilement, et se conservent mieux ; la dépense en est aussi bien moins grande. Les voitures peuvent toujours se placer à côté de la meule qu'on forme sous la toiture. Je regrette aussi que M. Fiévet ne se soit pas contenté de faire une étable pour cent bêtes, et qu'il n'ait pas fait faire cent boxes, pour essayer comparativement, d'abord le logement le plus convenable et le plus économique pour les bêtes à l'engrais, ensuite la meilleure méthode de faire les fumiers.

M. Fiévet et son frère, le fabricant de sucre, ont bien voulu me faire parcourir les récoltes ; elles ont eu beaucoup à souffrir du temps chaud et humide, qu'il fait depuis trop longtemps ; beaucoup d'espèces de froment ont germé, et les pailles sont noircies ; M. Fiévet espère que, malgré ces contre-temps, toute sa récolte de froment ressortira en moyenne, à trente-cinq hectolitres par hectare ; une vingtaine d'hectares ont été semés en froment Hallett, ou généalogique ; ils ne sont pas finis de couper, j'ai pu remarquer que la paille a cinq pieds de long, et que les épis sont aussi fort longs ; ces blés n'ont ni germé, ni versé, et pendant l'hiver 1863-1864, ils n'ont pas gelé, à côté d'autres espèces qui ont beaucoup souffert de la gelée ; ils donneront cette année au moins quarante hectolitres à l'hectare. Il compte dorénavant ne plus guère semer que cette espèce ; il en vendra de la semence bien pure, 3 fr. de plus par hectolitre que les autres froments destinés à être semés. Ces messieurs m'ont conduit ensuite à leur sucrerie, posée sur le point le plus élevé de la plaine qu'ils habitent ; M. Fiévet a profité de cela pour déverser toutes les eaux fertilisantes de cette grande fabrique sur les champs environnants ; il a ainsi considérablement amélioré une vingtaine d'hectares, qu'il a ensemencés en betteraves, qui sont fort belles ; cela l'a engagé à essayer si l'arrosement des betteraves avec de l'eau simple, ne ferait pas aussi un bon effet ; l'essai ayant réussi, il a cette année fait faire un forage ou simple puits artésien, qui dans cette plaine ne revient qu'à 400 fr., au moyen d'une petite levée en terre, là où la pente l'exigeait, il a pu arroser vingt-cinq autres hectares, dont les betteraves sont de même d'une grande beauté ; le seul reproche qu'on puisse leur faire, c'est d'avoir trop de feuilles ; M. Fievet a formé le projet de multiplier les puits artésiens, pour arroser ainsi de grandes pièces, à semer en betteraves, ces forages n'amènent pas l'eau jaillissante, mais une locomobile à vapeur, qu'on a placée à côté du forage élève au moyen d'une pompe, à la hauteur convenable, toute l'eau nécessaire pour la répartir comme il le faut sur cette éten-due.

La sucrerie de Masny est la propriété des quatre frères Fiévet. Cette sucrerie et celle de Sin, située près de la ville de Douai, râpent chacune de dix à douze millions de kilos de betteraves par an ; elles sont assez bien montées toutes deux pour avoir fini leur fabrication en janvier. Ces messieurs m'ont dit que pour en monter de pareille maintenant, il faudrait y mettre de 6 à 700,000 fr. ; ils ont un avantage très-grand sur des sucreries récemment établies ; c'est que leur capital est amorti depuis longtemps ; ce qui diminue de beaucoup les dépenses de fabrication et permet de supporter le bas prix du sucre.

La sucrerie de Sin a été créée par M. Fiévet, celui-là même qui nous accompagnait, pour le compte d'une société dont il fait partie, et c'est lui qui la dirige.

M. Fiévet a le projet d'établir une distillerie de grains, afin d'avoir toute l'année des résidus pour son nombreux bétail.

Je ne comprends pas que M. Fiévet et tant d'autres riches fabricants de sucre qui cultivent fort en grand, n'aient pas encore de moissonneuses qui leur seraient si utiles ; quelques-uns d'entre eux en ont eu, mais de celles primitivement inventées ; elles ne marchaient pas bien, et cela leur a persuadé que ces machines ne sont pas pratiques. Ils n'ont pas vu travailler les nouvelles moissonneuses qui vont vite et bien, et n'osent pas en essayer de nouvelles.

Ce qui serait surtout d'une immense utilité à ces grands et excellents cultivateurs du nord, pour peu que leurs terres soient en grandes pièces, ce serait la charrue et le scarificateur de Fawler, mis en mouvement par deux locomobiles de huit à dix chevaux de force, suivant la nature des terres plus ou moins difficiles à travailler ; il n'y a cependant que de tels cultivateurs qui aient d'assez grandes cultures et qui puissent employer un assez fort capital, une trentaine de mille francs, à cette si admirable et si utile invention. Le peu de riches propriétaires qui cultivent en France, ne le font jamais assez en grand, pour faire une aussi grande dépense agricole, n'est-il pas honteux pour notre pays, de savoir que plus de quatre cents appareils à vapeur, sont à l'ouvrage dans les fermes de la Grande-Bretagne, tandis qu'en France il n'y en a pas vingt; et encore ce sont les moins bonnes, que nous avons importées. Leur prix étant d'une dizaine de mille francs de moins que celles de Fawler, les meilleures de toutes, et qui ont remporté tous les premiers prix des concours où elles se sont présentées; c'est au point que les autres constructeurs ne viennent plus aux concours, où ils savent rencontrer l'appareil Fawler.

M. Fiévet a chargé deux fermiers moyens de ses environs, très-bons connaisseurs en bêtes bovines, de lui faire, chacun séparément et à tour de rôle ses acquisitions de bêtes à mettre à l'engrais; il est sûr d'être ainsi bien et loyalement servi; il leur alloue douze pour cent du bénéfice brut que M. Fiévet fait, entre le prix d'achat et le prix de vente, en ne comptant pas la dépense faite pour la nourriture qui a servi à faire l'engraissement.

J'ai à regret quitté M. Fiévet qui m'a obligeamment fait reconduire à la station de Montigny; le chemin de fer m'a porté ensuite à la station de Vitry, la première en sortant de Douai pour aller du côté de Paris, j'ai eu alors trois kilomètres à faire par une pluie battante, pour me rendre à Brebières, chez M. Pilate, maire de ce gros bourg très-industriel, situé sur les bords de la Scarpe. M. Pilate y possède avec son frère et y fait valoir une grande sucrerie; Brebières contient trois grands moulins, dans l'un desquels une famille intelligente et active, a gagné des millions, en envoyant des farines à Paris et à Londres. M. Pilate a diminué sa culture, mais cependant il cultive encore cent quarante-cinq hectares, couverts de superbes récoltes; malgré les contre-temps de la saison, il compte sur trente à trente-quatre hectolitres de froment par hectare ; l'année 1863 , il a eu jusqu'à quarante-cinq hectolitres de froment et quatre-vingts hectolitres d'avoine en moyenne, l'avoine de la récolte actuelle arrivera croit-il à soixante-cinq hectolitres ; ses betteraves, quoique belles, sont bien maltraitées par une espèce de vers, qui jusqu'à cette heure, avait peu attiré l'attention des cultivateurs ; on les nomme agrostis ; par suite de ces ravages, M. Pilate a été obligé de retourner des champs entiers de cette racine ; et on voit encore des parties de champs qui ont été bien éclaircis.

M. Pilate s'est procuré, en 1853, des béliers Newleicester, qui en France, sont connus sous le nom de Dishley ; il les a achetés chez le meilleur éleveur de cette race, M. Sanday de Holmepierrepont, comté de Nottingham ; il les a donnés à des brebis métis-mérinos bien choisies principalement pour les formes ; depuis il a marié les béliers les plus beaux de ce croisement, avec leurs sœurs âgées de deux ans ; il a maintenant trois cents brebis de toute beauté ; ces bêtes pèsent à l'âge de quinze mois, soixante-quinze kilos poids vivant ; les toisons du troupeau, pèsent de dix à onze livres en suint ; en 1864, elles ont été vendues 2 fr. 90 le kilo, et cette année 2 fr. 82. Ces bêtes sont précoces, elles s'engraissent facilement, pour être tuées, âgées de 15 mois ; il vend des béliers antenais de 100 à 300 fr., les agneaux mâles valent 40 fr. la pièce, pour faire des moutons de concours, il obtient de ses agnelles de rebut 30 fr. par tête ; le troupeau pour le parc, va au moins à mille bêtes ; M. Pilate achète à cet effet des moutons picards, et il les conserve l'hiver, pour faire du fumier.

Je suis arrivé le soir, à Coincy le Verger, à vingt kilomètres de Douai par la route de Cambrai ; j'allais chez M. Hary, cultivateur des plus actifs et des plus capables que je connaisse ; une affaire importante l'appelait le lendemain à Arras, son chef-lieu, son fils aîné qui a en—

core une année à passer à Paris, au collége Chaptal, où l'on ne s'occupe ni de grec ni de latin, mais des sciences les plus essentielles et des langues vivantes, voulut bien me servir de guide; il m'a fait faire une visite détaillée, dans cette ferme remarquable; les bâtiments logent en hiver vingt chevaux, deux cents bêtes bovines à l'engrais, et trois cents moutons; la distillerie peut distiller à volonté des racines, ou bien des grains; cette distillerie, avec celle qui la précède, et une autre existant dans sa ferme d'Azincourt, ont coûté 120 mille fr. de construction, la ferme contient deux paires de meules pour faire de la farine; ces vastes constructions sont tenues très-proprement, aussi bien au dedans qu'au dehors; la culture s'étend ici sur cent quatre-vingts hectares, dont une partie , proviennent des père et grand père de M. Hary , qui étaient magistrats. Mais cet homme si actif, a trouvé cette étendue trop restreinte, et a loué une autre ferme de cent vingt hectares à trois lieues du Verger.

Nous avons vu soixante hectares en belles récoltes sarclées, dont trente-cinq en betteraves, et vingt-cinq en pommes de terre, et de magnifiques froments Victoria, dont le grain de couleur jaune germe moins facilement que les froments blancs; il m'a semblé que les moyettes de froment étaient plus fortes et bien plus nombreuses sur les champs du Verger, que dans mes précédentes visites; les avoines sont aussi mises en moyettes ici, dont les pointes sont seulement nouées. M. Hary fils nous a conduits l'après-midi, M. Durand et moi, chez M. Lentier, riche propriétaire et fabricant de sucre à Barral; il était absent, mais madame nous a remis entre les mains de MM. ses fils, pour nous montrer l'intérieur de la ferme; l'aîné de ces Messieurs remplacera son père par la suite à Barral; le cadet qui n'a encore que dix-huit ans, aura une ferme, propriété de sa mère, à douze kilomètres d'ici. Nous avons vu là d'énormes bœufs blancs et noirs venus de Belgique, et de très-belles vaches hollandaises.

M. Lentier que j'avais rencontré en 1862 à l'exposition de Londres, en a ramené un taureau durham; il l'a placé dans la ferme de Madame, pour lui faire servir une douzaine de vaches de diverses espèces, des flamandes, des belges, des charolaises et des normandes; les charolaises ont perdu bonne partie de leurs veaux.

J'ai bien regretté que la journée fût trop avancée pour pouvoir aller visiter la ferme de madame Lentier.

J'aurais été heureux de rencontrer M. Lentier.

Voici ce que M. Hary m'a dit pendant la soirée que nous avons passé ensemble : selon lui, l'impôt de 90 fr. qui pèse sur l'hectolitre d'alcool, par suite de la diminution du droit d'entrée en France sur des esprits étrangers, détruira les distilleries de trois-six qui existent dans notre pays; il faudrait au contraire les encourager le plus possible; car partout où la culture de la betterave est profitable, partout où les betteraves sont demandées par les fabricants de sucre, ou par les distillateurs, on voit la culture s'améliorer grandement, et c'est ce qui est bien à désirer pour notre pays, dont la plus grande partie est très-arriérée. Il n'y a qu'un moyen ajoute-t-il pour arrêter la fermeture des distilleries françaises, et pour en augmenter le nombre; c'est de réduire de 90 à 20 fr. l'impôt sur les alcools, comme on l'a fait en faveur de l'industrie manufacturière; si cela avait lieu, alors les trois-six pourraient être employés comme ils l'étaient il y a quelque temps, à la vinification des vins français de qualité inférieure, on leur ouvrirait ainsi l'entrée des pays étrangers. Ce changement du chiffre de l'impôt sur les alcools, augmenterait le nombre des distilleries, au lieu de le détruire, par suite le revenu de l'État, s'augmenterait beaucoup.

M. Hary m'a emmené le 6 août dès le matin, à sa ferme d'Azincourt, dont il est devenu fermier il y a trois ans ; son étendue est de cent vingt hectares ; elle se trouve placée au point culminant d'une grande plaine, où s'est donnée la fameuse bataille de ce nom. La ferme ne contient pas de prés, mais elle a le rare mérite d'être d'un seul tenant et d'entourer les bâtiments. L'habitation la plus rapprochée, est une grande fabrique de glace connue sous la raison de Patou et Adrien Drion ; il s'y trouvait d'immenses amas de cendres et de charbon de terre ; M. Hary en profite pour couvrir ses terres, à raison de mille mètres par hectare ; il les rendra ainsi moins battantes. Un fabricant de chaux lui en fait sur place au milieu de la ferme, le mètre cube de chaux fusée, à raison de 3 fr. 50, il en met trois cents hectolitres par hectare ; cela ne l'empêche pas d'ajouter cent mètres de craie aussi par hectare. Un chemin de traverse reliait la ferme à deux routes peu distantes ; il était absolument impraticable ; M. Hary l'a couvert de quarante centimètres de pierres qu'il trouve entassées autour de puits à charbon, qui existent à petite distance de la ferme ; des cendres de charbon ont servi à lier ces pierres ; il s'est fait ainsi une belle et bonne route. Les bâtiments de ferme tombaient en ruines ; le comte de Moutiers, ambassadeur à Constantinople, a fourni les fonds pour remettre tout sur un bon pied ; il a consenti aussi à drainer toutes les terres de la ferme, à condition que le fermier payât cinq pour cent de la dépense de cette immense amélioration, malheureusement pour M. Hary, il n'a pu obtenir que dix ans de bail au lieu de vingt ans qu'il demandait, mais dans ce pays, où le comte possède une grande étendue de terres, on ne renvoie jamais un bon fermier ; de sorte que M. Hary opère comme si la ferme était sienne. Les terres de la ferme étaient si garnies de chiendent, qu'à distance on pouvait les prendre pour des prés; à force de scarifier, et après deux années de récoltes sarclées parfaitement soignées, ces terres sont devenues fort propres; ces récoltes sarclées étaient des pommes de terre et des betteraves; celles-ci ont été tellement ravagées par des vers nommés agrostis, que M. Hary n'en a pas osé faire cette année; il a donc ici cinquante hectares de pommes de terre, et au Verger il en a vingt; c'est une bien difficile récolte à faire, et surtout à vendre; le Verger étant sur un canal, il a pu vendre jusqu'à présent les tubercules à Bruxelles et dans les villes si peuplées du nord; le prix habituel est de 5 et 6 fr. les cent kilos; mais il n'avait jamais eu autant de pommes de terre à vendre. Azincourt n'est pas loin du canal; il espère donc pouvoir en envoyer à Londres, mais il les fera consommer par ses trois cent cinquante bêtes à l'engrais et ses nombreux chevaux, s'il n'en peut obtenir 4 fr. le quintal métrique. Ses froments sont de toute beauté, leur paille très-longue n'est pas devenue noire comme cela a eu lieu dans le nord, il espère une moyenne de trente-deux hectolitres par hectare.

On paye ici les houilles 1 fr. l'hectolitre.

Son régisseur, âgé d'environ trente ans, est fils de fermier, il n'est pas marié; il a 1,800 fr. sans être nourri. M. Hary en est très-content; il pense mettre un de ses fils à Azincourt lorsqu'il en aura un en état de marcher tout seul à la tête d'une ferme. Nous sommes allés voir les betteraves d'un fermier voisin; elles sont si abîmées par les agrostis, qu'elles ne donneront pas quinze mille kilos à l'hectare; il se félicite bien de n'en avoir pas fait; mais ce serait une grande perte pour M. Hary, s'il ne pouvait plus faire de betteraves; il faudrait trouver un moyen de se débarrasser de ces vers, véritable fléau; on pourrait essayer de fumer la terre avec de petits morceaux de tourteaux de colza gros comme des noisettes en automne, en Angleterre, on fait périr ainsi de nom-

breux vers nommés en anglais wire worm, cette fumure
de tourteaux de colza produirait peut-être le même résultat sur la chenille dite agrostis, qui passe l'hiver sous
terre.

Le fermier qui précédait M. Hary à Azincourt, avait
la malheureuse habitude d'être toujours ivre, et il avait
mis cette ferme dans un piteux état. M. Hary m'a dit
que lorsqu'il venait de louer Azincourt, les ouvriers travaillant pour ce fermier, lui parlaient toujours le chapeau sur la tête; il résolut alors de leur ôter son chapeau
chaque fois qu'il les aborderait; maintenant ils sont devenus plus polis. Il espère faire de ses trois fils, autant
de bons fermiers; l'aîné a appris l'anglais au collége
Chaptal et ne le sait pas mal; son père compte l'envoyer
en Angleterre passer deux ans dans de bonnes fermes
où l'on élève des bêtes à cornes, des moutons et des cochons, il s'y instruira dans cette partie essentielle de l'a-
griculture.

Son second fils apprend l'allemand au collége Chaptal;
il compte l'envoyer passer une couple d'années dans des
grandes fermes bien cultivées, en Allemagne; ces jeunes
gens pourront plus tard lire les journaux agricoles des
pays où l'agriculture est le plus avancée; ils se tiendront
ainsi toujours au courant des progrès du plus utile des
arts. M. Hary fera bien d'envoyer aussi ses deux derniers
fils dans la Grande-Bretagne; car ce sera toujours là,
qu'il y aura le plus à apprendre en agriculture; ailleurs
on a encore trop peur de dépenser de l'argent pour
améliorer complétement la culture.

J'ai remarqué au Verger, quatre grands tonneaux
montés sur roues pour conduire les purins aux champs;
des tombereaux montés sur des traîneaux à larges jantes,
servent à sortir des champs les racines et les tubercules,
lorsque la terre est humide, ils abîment moins les terres
détrempées que les roues de lourds tombereaux.

J'ai quitté cet homme très-remarquable, pour aller coucher à Valenciennes et me rendre le lendemain matin au Grand-Wargny, chez M. Derwaud ; j'avais visité M. Derwaud père dans cette même ferme et sucrerie ; il les menait de front avec une grande fabrique de grosse ferronnerie dans la ville de Condé, où il employait cinq cents ouvriers. M. Derwaud fils aîné a eu le malheur de perdre son père il y a huit ans ; il a été mis à la tête de cette immense affaire, en sortant comme ingénieur civil de l'école centrale de Paris ; il cultive trois cent cinquante hectares.

Il a cinquante chevaux ou poulains ; il a acheté une demi-douzaine de très-bonnes juments boulonnaises, pour faire de bons élèves de chevaux, il a deux cents bœufs, dont soixante de trait et cent vingt qu'on prépare pour être engraissés ; il tient en hiver, jusqu'à mille cinq cents moutons à l'engrais, dont une partie a fait le parc. M. Derwaud, malgré ce nombreux bétail, achète beaucoup de tourteaux et de guano.

Sa comptabilité des plus exactes et en partie double, est tenue pour chacune de ses trois entreprises, dont une sera bientôt sous la direction de son frère, élève comme lui de l'école centrale. M. Derwaud s'étant aperçu que dans les jours de paiements, on faisait souvent des réclamations de journées non portées sur les livres, a fait imprimer des cartes de journée, de demi et de quart de journée ; si l'un des hommes employés n'avait pas reçu de carte, il doit la réclamer le soir même. M. Derwaud, à l'exemple de son père, ne passe pas une année sans visiter l'Angleterre ; il veut ainsi se tenir au courant des améliorations et des perfectionnements qui s'y font journellement ; il va s'y rendre prochainement, afin d'étudier le labourage à vapeur ; il l'introduira chez lui, s'il le reconnaît aussi pratique et utile qu'on le dit.

Pendant que j'étais au Grand-Wargny, le beau-frère

de madame Derwaud, propriétaire cultivateur des environs de Doullens, Pas-de-Calais, où la culture est loin
d'être aussi avancée que près de Valenciennes, m'a dit
qu'il venait de reconstruire entièrement ses bâtiments
de ferme; à l'exemple de M. Decrombecque, il a établi
des boxes pour les bêtes à l'engrais; il projette aussi d'a-
dopter les bons exemples de culture qu'il a ici sous les
yeux.

M. Derwaud a trouvé la sucrerie que son père lui
avait laissée trop arriérée et bien usée; il vient d'en reconstruire une autre avec tous les perfectionnements qui
ont fait leurs preuves; elle pourra fabriquer quinze
millions de kilos de racines ; mais il faudra compter avec
les agrostis, une dizaine d'hectares de ses betteraves de
cette année, en ont été si abîmés, qu'elles ne produiront
pas quinze mille kilos par hectare ; M. Derwaud a fait former dans les parties des champs les plus infectés, des rigoles
larges et profondes d'un fer de bêche ; les bords doivent
en être perpendiculaires, afin que, tombés dans la rigole
les vers ne puissent remonter ; des trous ronds ayant
vingt-cinq centimètres de profondeur, ont été creusés
de distance en distance, au fond des rigoles ; lorsqu'il fait
chaud, ces chenilles se promènent, elles tombent dans les
rigoles, et ne pouvant remonter, elles les suivent ; bientôt
les trous sont remplis par elles ; quand on les fait vider, leur
contenu sent le poisson pourri. J'ai entendu dire qu'en
trempant le froment et d'autres semences, comme la graine
de betterave dans de l'huile de caméline, cela empêchait les
vers, les allouettes et les corneilles de les manger ; si ce
remède réussissait, il serait moins embarrassant et plus
économique que les rigoles.

M. Derwaud a eu l'obligeance de me faire conduire
chez M. d'Haussy, un de ses voisins, très-bon cultivateur.

M. d'Haussy était absent et ne devait pas rentrer de

si tôt ; Mme d'Haussy a bien voulu me donner pour guide un des plus anciens employés de son mari, qui m'a fait voir d'abord une des deux fermes que M. d'Haussy a louées pour augmenter encore sa fort grande culture, dont les terres sont presque toutes sa propriété ; les beaux bâtiments de cette ferme, qui appartiennent à un hospice de Valenciennes, ne contenaient lors de ma visite que peu de bétail ; mais au moment de la fabrication on les remplira de bêtes à l'engrais. On m'a fait visiter ensuite près de l'habitation de M. d'Haussy, une distillerie à grains, construite depuis trois ans et ayant coûté cent vingt mille fr. ; mais elle est arrêtée et ne distillera pas, malgré le bas prix des céréales, par suite de la baisse du droit d'entrée en France, des alcools étrangers, et à cause des 90 fr. d'impôt qui frappent l'hectolitre de trois-six français. M. d'Haussy étant revenu, a voulu me guider lui-même ; il m'a fait voir d'énormes bœufs du Condroz, province belge, naturellement peu fertile et qui n'est pas des mieux cultivées du pays ; elle n'a que peu de prés, et elle élève cependant des bœufs se vendant 500 fr. la pièce, et de bons et forts chevaux, qui coûtent le double. M. d'Haussy m'a dit qu'un marchand de bœufs du Condroz lui amène chaque année, environ cent cinquante bœufs, parmi lesquels il choisit les meilleurs pour la charrue ; il engraisse les autres. Un autre marchand de ses environs, va en chercher aussi chaque année cent cinquante en Franche-Comté, qui ne lui reviennent qu'à 400 fr. par bœuf ; ils pèsent à la vérité moins que les précédents, mais ils s'engraissent plus facilement.

Comme je retournais au Grand-Wargny, je n'ai pu rester assez longtemps avec M. d'Haussy, pour bien profiter de son habileté et de ses grandes connaissances en agriculture ; mais j'ai trouvé dans un cahier des Archives de l'agriculture du Nord de la France, que je reçois

comme membre correspondant de cette remarquable Société, le rapport d'un jury sur la culture de M. d'Haussy ;
ce rapport est des mieux faits, très-instructif, et en même
temps très-intéressant ; je crois donc bien faire, en l'in-
sérant en entier dans mon Voyage ; cela fera mieux connaître à mes lecteurs, ce que sont les grands et très-
habiles agriculteurs du Nord de la France.

« C'est pour la sixième fois depuis 1832 que vous êtes
réunis en Jury départemental, à l'effet de couronner les
services éminents rendus à l'agriculture de notre beau
département, par les agriculteurs d'élite de ses sept ar-
rondissements. Que de noms honorables ont déjà été
proclamés par vous comme appartenant aux zélés propa-
gateurs du progrès agricole, et quelle émulation cette distinction et vos récompenses enviées n'ont-elles pas fait
naître depuis douze années !

« Aujourd'hui comme alors, représentant les Associations agricoles qui nous ont délégués, nous venons tour-
à-tour faire l'exposé des travaux généraux et des succès
obtenus par suite de savantes combinaisons de culture et
d'aménagement intérieur ; d'assolement et de tenue de
bétail ; d'applications judicieuses des engrais et des amendements ; d'invention, d'introduction et de propagation
des instruments aratoires les plus perfectionnés, etc.,
constituant le mérite des candidats respectivement choisis comme les plus dignes de la haute distinction offerte
à chacun d'eux, en raison de leurs titres et des résultats
obtenus non-seulement au point de vue de leur intérêt
personnel, mais encore, et surtout, au point de vue du
progrès et de l'amélioration du sol. C'est sous ce rapport
que notre candidat mérite de fixer notre attention, et,
que la Société Impériale d'Agriculture de Valenciennes
a l'honneur de présenter à vos suffrages, M. Jean-Baptiste d'Haussy, propriétaire, cultivateur, distillateur et

fabricant de sucre à Artres, lequel lui a semblé le plus digne d'entrer en concurrence avec ses émules du département.

« Nous abordons sans autres préliminaires l'exposé de l'exploitation de M. d'Haussy, qu'une Commission spéciale[1] a visitée dans tous ses détails, les 6, 8 et 21 juillet dernier. Le présent rapport rédigé par cette Commission a reçu la sanction des délégués des quatre Comices cantonaux et de la section centrale de la Société Impériale de Valenciennes.

DÉBUT DE M. D'HAUSSY. — MODIFICATION DE LA SUCRERIE.
PREMIERS BÉNÉFICES.

« Notre candidat, messieurs les Jurés, n'est point un agriculteur d'occasion : à l'âge de quinze ans, son père (feu Jean-Baptiste d'Haussy) le plaçait, pour ainsi dire, à la tête de la ferme déjà très-importante qu'il possédait à Artres. La propriété, y compris l'emplacement des bâtiments et des dépendances, comptait alors huit cent cinquante mancaudées ou cent quatre-vingt-quinze hectares. Deux ans après l'installation de son fils, M. d'Haussy père fit une sorte de partage de son bien entre ses enfants et légua à notre candidat, la fabrique de sucre qui était annexée à l'exploitation agricole et la gérance de la ferme elle-même, ou si vous le préférez, une somme de 170,000 fr. représentée par le bétail, les denrées engrangées et sur pied et le matériel accessoire des deux établissements. La sucrerie établie d'après le système primitif de fabrication ne pouvait fonctionner d'une fa-

---

[1] Cette Commission était composée de MM. Floribert Miroux, cultivateur et maire à Aulnoy; Hunet, directeur de l'exploitation agricole et de la sucrerie B^{re} Cheval à Estreux; Alfred Médard, secrétaire du Comice agricole de Valencienne.

çon suffisamment rémunératrice qu'en y apportant de larges modifications. Ce fut sur cette partie importante de l'exploitation que M. d'Haussy fils, porta tout d'abord son attention et ses efforts, comprenant bien que l'avenir de la ferme était lié aux succès de l'entreprise industrielle qu'il fallait en quelque sorte métamorphoser. Il ne s'effrayait pas des difficultés qu'il allait avoir à vaincre. Il s'adjoignit un jeune homme à peu près de son âge, en qualité de comptable[1] et marcha résolument au but.

« La maison Cail lui fit l'avance des appareils perfectionnés dus à son système et il emprunta, en outre, une somme de 10,000 fr. pour faire face aux éventualités des travaux ordinaires d'une première campagne. Son début fut heureux et dépassa peut-être son attente. Ses bénéfices s'élevèrent à 80,000 fr., cette somme fut suffisante pour l'affranchir de sa dette envers la maison Cail et lui assurer un petit fonds de roulement qui lui permit de continuer ses travaux, lesquels, disons-le à sa louange, furent presque toujours couronnés de succès.

« En 1845, M. d'Haussy père mourut, et laissa son fils, chef et propriétaire de l'exploitation à l'âge de vingt-quatre ans. Notre jeune agriculteur industriel avait donc déjà, avant d'être maître, fait un rude et fructueux apprentissage de neuf années sous la quasi-direction paternelle.

MAUVAIS ÉTAT DU TERRITOIRE.

« A cette époque, le territoire tout entier de la commune d'Artres, était réputé un des plus pauvres de l'arrondissement, et il est de notoriété publique, qu'il était

---

[1] Cet employé est encore aujourd'hui dans l'établissement qu'il n'a jamais quitté, en qualité de sous-directeur comptable.

aussi inabordable aux animaux qu'aux hommes. Les chemins étaient dans un état déplorable et parsemés de fondrières. Les champs eux-mêmes, par leur nature glaiseuse, ressemblaient dans la saison des pluies à un vaste bourbier, dans lequel le travailleur s'enfonçait jusqu'aux genoux. Comment exploiter économiquement un tel sol? Plus d'un habile cultivateur tout en résolvant le problème eût certainement reculé, à cette époque, devant une semblable tâche, et, à la place de M. d'Haussy, plus d'un aussi eût vendu l'héritage paternel, transporté sur un sol mieux situé et plus favorisé du ciel, et son expérience et ses écus.

« Il n'en fut pas ainsi, M. d'Haussy avait depuis longtemps combiné tout un plan de desséchement et de viabilité générale de la contrée; il sentit que le moment était venu de le mettre à exécution. Il s'arma donc de courage et de vigilance, et conduisit en homme expérimenté sur la matière, les gigantesques travaux qu'il avait conçus.

CRÉATION D'UNE VOIE DE DÉBOUCHÉS ET AMÉLIORATION
DES CHEMINS.

« Une voie de débouchés fut tout d'abord établie et les chemins de petite vicinalité et d'exploitation furent, d'année en année, réglés et empierrés; les champs vinrent ensuite occuper l'intelligence féconde du jeune agriculteur, ne reculant devant aucun obstacle pour faire un jour de sa commune, un modèle de culture et un centre industriel enviable.

DRAINAGE ET AMENDEMENT DU SOL.

« Par l'application d'un drainage bien étudié, d'amendements convenablement dosés et de labours souvent répétés, le sol s'ameublit et devint plus perméable. En quelques années seulement, il s'opéra un revirement si complet, que les terres d'Artres estimées avant les travaux à environ 2,400 fr. l'hectare, valent aujourd'hui de 6,500 à 7,000 fr., prix des bonnes terres de l'arrondissement. Elles ont donc plus que triplé de valeur. Il fut bientôt imité par ses voisins, et, aujourd'hui, la commune d'Artres et les terres qui en dépendent se trouvent dans les meilleures conditions possibles d'exploitation.

« Environ trente-huit hectares avaient été drainés en l'espace de trois ou quatre années, et M. d'Haussy fut le premier cultivateur du pays qui appliqua le système à récolteurs et à regards. Les premiers travaux de ce genre furent entrepris en 1852, et coûtèrent alors un peu cher : 250 fr. l'hectare. Les lignes de drains étaient espacées entre elles de dix mètres, et la profondeur moyenne des tranchées a varié de cinquante centimètres à un mètre, suivant l'épaisseur de la couche arable et les exigences du nivellement général.

IMPORTANCE DE LA CULTURE.

« En 1860, c'est-à-dire quinze ans après la mort de son père, M. d'Haussy cultivait deux cent quatre-vingt-treize hectares. Il avait conséquemment, dans ce laps de temps, augmenté l'importance primitive de la culture paternelle de quatre-vingt-dix-huit hectares. Aujourd'hui le total de la superficie cultivée est de trois cent quarante-sept hectares, soixante-dix-huit ares, dont environ quarante-cinq hectares constituent la ferme dite l'Hôtel-Dieu appartenant aux hospices de Valenciennes, prise à bail en octobre 1861, et annexée à l'exploitation proprement dite pour douze années. (Bail de dix-huit ans repris pour la seconde moitié).

« Les procédés de culture générale mis en pratique

par M. d'Haussy ne diffèrent en rien de ceux suivis dans tout l'arrondissement, et résument les principes d'une pratique raisonnée comme les errements nouveaux, produits par la marche ascensionnelle du progrès agricole.

ASSOLEMENT.

« L'assolement triennal est suivi sur toute l'étendue de l'exploitation et répartit la culture de la présente année ainsi qu'il suit :

79,62,57 blés divers ;
127,42,41 betteraves ;
14,93,70 hivernage ;
36,76,80 avoine noire et blanche ;
5,05,56 féveroles ;
1,83,84 lin de mars ;
47,43,88 trèfle ordinaire et luzerne
17,08,52 prairies naturelles ;
2,87,25 vaine pâture[1] ;
8,27,28 taillis ;
1,49,37 gros légumes ;
1,03,41 betteraves pour semences.

Total égal : 343,78.

« Par les chiffres ci-dessus, on voit facilement que la répartition des cultures se trouve un peu forcée en avoine ; mais cela n'est dû qu'à la circonstance exceptionnelle qui a conduit la majeure partie des cultivateurs de l'arrondissement à ensemencer dès mars sur des blés anglais, détruits en presque totalité par la rigueur de l'hiver dernier. Par le même motif, le lin figure, en 1864, bien que

---

[1] Les terres en vaine pâture sont destinées à être transformées en terre labourable, et, ainsi que le taillis, elles ont fait l'objet d'une acquisition récente.

pour une faible part au nombre des cultures, et d'habitude il n'en était pas produit sur les terres d'Artres : cependant la réussite inespérée de cette plante textile invite M. d'Haussy à la poursuivre et même à lui accorder une plus grande place, jusqu'à la réapparition des cotons d'Amérique sur les marchés français.

« Les trèfles et luzernes occupent à peu près un septième de la culture générale ; mais cette quantité est proportionnée, comme nous le verrons plus loin, à celle très-considérable des animaux nourris chaque année.

ENGRAIS.

« Tous les engrais sont produits dans l'exploitation à l'exception de ceux dits du commerce, employés au reste en faible quantité. Ils se composent de environ :

8,055,000 kilogrammes de fumier de ferme ;
1,311,000   —   compost d'usine et écumes de défécation ;
5,000 hectolitres de purin ;
6,000 kilogrammes de guano et de colombine ;
730   —   de suie ;

« Et d'un parcage annuel de quatre-vingts à cent hectares.

« Leur répartition par hectare cultivé peut être ainsi évaluée, en calculant sur trois cent dix hectares [1].

Fumier de ferme	25,983 kil.
Compost d'urine	4,229 »
Parcage	33 pour 100

« Il va sans dire que ces chiffres représentent la répartition rigoureusement arithmétique de tous les engrais

---

[1] Nous déduisons les vaines pâtures et bois-taillis.

produits; mais en réalité ceux-ci n'étant appliqués que sur les cultures auxquelles ils sont utiles, il s'ensuit que leur quantité par hectare augmentant très-sensiblement, n'en est pas moins aussi variable que les cultures elles-mêmes. C'est ainsi que les terres réservées à la betterave reçoivent, en moyenne, cinquante mille kilogrammes de fumier par hectare.

AMENDEMENTS.

« Les matières inorganiques employées comme amendements sont principalement fournies par un four à chaux appartenant à l'exploitation, lequel produit cinquante hectolitres par jour pendant trois cents jours ou quinze mille hectolitres par an; lesquels répartis sur trois cent trente hectares de terres labourables et de prairies, égalent quarante-cinq hectolitres quarante-cinq litres par hectare, mais cette répartition qui n'est exacte qu'autant qu'il serait admissible, que toute la surface cultivée reçût un chaulage annuellement renouvelé, nous amène à déclarer que, pratiquement, ces quinze mille hectolitres de chaux ne sont répandus sur le sol, après un délissement préalable ou en les faisant entrer dans la préparation des composts, que sur quatre-vingt-dix hectares environ chaque année.

« Des chaulages fonciers ont été appliqués il y a quinze et vingt ans, à raison de deux cents hectolitres par hectare et sont renouvelés tous les quatre ans.

RÉCOLTES.

BLÉS, AVOINES ET BETTERAVES.

« Les récoltes sont toujours des plus belles depuis quinze ans et se tiennent à la hauteur de celles produites par les meilleures terres de l'arrondissement. Ainsi, par exemple, nous avons pu constater par les livres de comptabilité, qu'en 1863, on avait récolté trois mille neuf cent onze hectolitres de blé du poids moyen de soixante-dix-huit kilogrammes, sur une surface de cent dix hectares, trente ares, soit environ trente-six hectolitres par hectare.

« M. d'Haussy a, comme tous les grands agriculteurs du Nord, entrepris des essais de culture de diverses espèces étrangères de froment, et aujourd'hui, sauf une ou deux variétés anglaises, les blés blancs du Nord entrent pour la part principale dans sa culture. Ses blés de semence sont très-recherchés des cultivateurs du centre de la France, et de quelques-uns de la Belgique.

« En cultivateur progressif, notre candidat a suivi de très-près les innovateurs du nouveau système de préservation des récoltes sur le champ, contre les atteintes des intempéries, en établissant des moyettes chaperonnées, comme en coupant ses blés quelques jours avant la complète maturité du grain.

« Les avoines cultivées dans des conditions identiques produisent en moyenne quinze hectolitres à la mancaudée, ou soixante-cinq à soixante-dix hectolitres par hectare.

« La betterave a donné en poids :

En 1859	48,091 k. par h.
1860	61,663
1861 (très-mauvaise année pour le Nord)	30,600
1862	45,630
1863	42,021
Total	228,005

228,005 dont on déduit ce chiffre du produit moyen pour ces cinq dernières années : quarante-six mille huit cent un kilogrammes par hectare.

« Toutes les autres récoltes ont été proportionnelles à celles ci-dessus, il nous semble donc inutile d'entrer dans de plus longs détails à ce sujet.

PRAIRIES NATURELLES. — EMPLOI DES EAUX DE DRAINAGE, ETC.

« Les prairies naturelles situées en partie sur les bords de la Rhonelle [1] ne produisaient, il y a quinze ans, que des joncs, et ne valaient en fonds que 500 fr. la mesure de vingt-deux ares quatre-vingt-dix-huit centiares. Aujourd'hui et par suite des améliorations qui leur ont été appliquées, leur valeur est de 1,100 fr., et elles produisent, années ordinaires, cent cinquante bottes ou mille deux cents kilogrammes d'excellents fourrages. Le regain récolté sur une partie notable de ces prairies atteint une valeur presque équivalente à celle du foin, par suite d'un système particulier d'irrigation imaginé par M. d'Haussy, consistant à utiliser les eaux provenant des terres labourables drainées dans leur voisinage, et dont la situation a permis d'amener et de répandre ces eaux, assez abondantes au reste, sans surcroît de dépenses, aussitôt après la première coupe.

« Depuis quelques années, M. d'Haussy a l'un des premiers, introduit l'usage du tréteau-isolant de Dantec pour préserver ses fourrages du contact du sol avant leur rentrée définitive. Cette innovation qui, à son apparition, a été l'objet de quelque critique, n'a pas cessé pour cela, d'être appliquée en grand par notre candidat et semble ne pas démentir tous les avantages promis par l'inventeur.

---

[1] Petite rivière affluent de l'Escaut.

ÉTAT GÉNÉRAL DES CULTURES. — ENSEMENCEMENTS
EN LIGNES.

« Nous ne craignons pas d'être taxé d'exagération, en
disant ici, que sans exception les cultures de M. d'Haussy
sont tenues dans le plus grand état de propreté. La betterave considérée à la fois, comme culture améliorante
et comme produit industriel indispensable, reçoit tous les
rasettages nécessaires pour tenir la terre en parfait état
de sarclage. Son ensemencement fait en lignes espacées
de trente-cinq centimètres seulement, distance convenable
et non exagérée, ne laisse aucun vide.

« Les blés également semés en lignes sont d'une tenue
véritablement modèle ; pas une plante adventice, pas un
coquelicot ni un bluet ne montre sa tête fleurie au
milieu des vastes parcelles emblavées. Ils sont tous passés en mars à la herse, à la houe à cheval et au rouleau.

COMPOSITION DU SOL.

« Sur cette grande exploitation, ce qui frappe particulièrement tout observateur attentif, c'est la régularité
de la végétation et la propreté générale des denrées sur
pied ; et, lorsqu'on étudie la nature du sol sur lequel
elles ont grandi, et qu'on se rend compte des nombreux
éléments que sa composition présente, savoir : l'argile
grasse et plastique, la marne grise, le tuf, le silex blanc,
le sable glaiseux, etc., souvent réunis sur une même
pièce de terre, on admire de plus en plus la richesse
que promet cette uniforme et luxuriante végétation, fruit
de combinaisons infinies et de procédés de culture extrê-
mement variés.

COURS ET BATIMENTS DE FERME.

« Nous l'avons dit plus haut, tous les engrais à part le guano, sont produits sur l'exploitation et proviennent des déjections de plus de mille têtes de gros bétail, pensionnaires de la ferme ou tenues temporairement à l'engrais dans les étables pour, ensuite, être livrées à la boucherie.

« Une aussi grande quantité d'animaux réclame nécessairement des bâtiments spacieux pouvant les contenir dans de bonnes conditions hygiéniques. Nous allons jeter un coup d'œil rapide sur cette partie intéressante de l'exploitation de M. d'Haussy, et énumérer, autant qu'il nous le sera possible, la quantité et la nature des animaux qui existaient dans ces bâtiments au 21 juillet dernier.

« La cour principale servant à la fois d'entrée à la ferme et à l'habitation du maître, présente la figure d'un quadrilatère régulier de vingt-cinq mètres sur trente-huit mètres, soit neuf cent cinquante mètres carrés de surface. Elle est bordée sur ses quatres côtés de vastes bâtiments contigus, à l'usage d'écuries et d'étables. Le côté de l'Est laisse un passage de plus de dix mètres donnant accès à une seconde cour moins grande, desservant également les écuries, les porcheries et bergeries. Cette seconde cour donne, à son tour, communication à une troisième très-vaste, où sont construites la sucrerie, la distillerie et des ateliers divers faisant annexe à l'établissement agricole proprement dit.

CITERNES AUX EAUX PLUVIALES.

« Ces cours sont toutes trois établies sur un terrain en pente naturelle permettant de recueillir les eaux pluviales dans des citernes à ce destinées.

TROUS AUX FUMIERS.

« Au centre des deux premières sont entassés, sur la plus petite surface possible et à une profondeur de un mètre vingt centimètres, tous les fumiers retirés chaque jour des écuries et des étables [1]. De larges trottoirs pavés en bordent le pourtour et se terminent par des caniveaux.

CITERNES AU PURIN. — ARROSAGE DES FUMIERS.

« Des conduites souterraines amènent dans des citernes spéciales le purin, qui s'égoutte des tas, lequel est repris en temps de sécheresse par des pompes spéciales qui arrosent les fumiers perdant de leur humidité ou se décomposant trop promptement [2].

ÉCURIE DES CHEVAUX. — DISPOSITIONS PARTICULIÈRES.

« Après l'habitation du maître, tout le bâtiment situé au midi est occupé par les écuries des chevaux; il a cinquante-cinq mètres de longueur, sur cinq mètres cinquante centimètres de large et est divisé en neuf stalles de cinq chevaux chacune', recevant conséquemment quarante-cinq chevaux. Ces animaux qui sont tous de première force, appartiennent à la race du Hainaut Belge.

[1] Les fonds des trous à purin sont pavés et dallés, en sorte qu'il n'y a pas de filtration du purin à travers le sol.

[2] L'inconvénient que produit la sécheresse est toujours prévu par des manœuvres opportunes qui, en temps ordinaire même, sont répétées aussi souvent qu'il est utile, de manière à empêcher par des arrosements, toute déperdition des gaz ammoniacaux, et à régler la décomposition intérieure du tas de litières imprégnées de déjections.

« Cette vaste écurie, comme toutes celles qui suivent, est éclairée par le gaz fabriqué dans l'établissement industriel. Les auges sont en pierre bleue polie, elles sont bien scellées et cimentées. Le dallage est en grès rejointoyé au ciment et amène par deux pentes inverses, dans une rigole en pierre de taille, à une fosse spéciale située au centre même de la longueur, toutes les urines non absorbées par les litières.

« Le plafond y est établi à voûtes dites en *redoubleaux* et tenu en parfait état d'entretien et de propreté comme du reste tout l'intérieur du local qui est lavé tous les jours et blanchi au moins une fois par an au lait de chaux.

« L'aérage est produit par des ouvertures pratiquées dans le mur de fond au nombre de deux par stalles. Deux larges portes ménagées aux extrémités servent d'entrée.

« Au plafond sont appendues des claies en bois destinées à recevoir le fourrage de la nuit.

« Les lits des domestiques de garde sont disposés de manière à être facilement accessibles, et sont en même temps à l'abri de la poussière et des accidents qui pourraient être occasionnés par les chevaux détachés.

NOURRITURE DES CHEVAUX.

« La nourriture des chevaux se compose de coupage fermenté mélangé à des résidus de distillerie. Ce coupage qui est très-appétissant se compose lui-même de foin, de féveroles et d'hivernages. Il est distribué tous les jours avec une botte de foin de sept kilogrammes, cinq cent grammes. La ration fermentée est également de sept kilogrammes cinq cents grammes par cheval. A cette nourriture ordinaire il est ajouté, en temps de travail, sept kilogrammes d'avoine, et lorsqu'on ne donne pas de résidus, chaque cheval reçoit un kilogramme de son par jour. Le boire se donne dans les crèches trois fois par jour.

POULAINS.

« Il est fait un élève chaque année et la jument mère qui les produit en ce moment, a déjà donné trois jeunes poulains de choix et de prix.

DRESSAGE DES HARNAIS.

« Les harnais sont appendus en dehors de l'écurie sous un auvent régnant sur toute la longueur du bâtiment. Il est établi sur une charpente en fonte et a un mètre quarante centimètres de largeur horizontale. Cette disposition qui préserve les harnais de la poussière produite à la fois par la toilette des animaux et le secouage des litières, de la vermine que la chaleur et l'humidité de la transpiration peuvent produire, facilite aussi le séchage et une circulation complétement libre à l'intérieur du local.

ÉCURIES, ÉTABLES. — APPROPRIATIONS SPÉCIALES.

« Les bâtiments situés à l'ouest, au nord et à l'est, sont destinés à recevoir les animaux de la race bovine ; ils se composent de dix écuries-étables dont les plus petites permettent de loger dix bêtes, et les plus grandes trente.

« Dans l'une d'elles, réservée aux vaches laitières, est disposé un chemin de service au centre, donnant accès à une pompe alimentant une chaudière propre à la cuisson des aliments.

« Toutes sont disposées dans le sens de la largeur des bâtiments et n'ont qu'un seul rang d'attaches. Elles sont

construites comme l'écurie des chevaux : voûtées, pavées, éclairées au gaz et tenues dans le même état de sa-
lubrité. Celle portant le numéro neuf est réservée aux
animaux malades et porte conséquemment le nom d'in-
firmerie.

« Près de celles destinées aux bœufs de trait sont placées des auges en pierre alimentées par une forte pompe
servant le breuvage ordinaire.

« Enfin, une écurie à laquelle on pourrait donner le
titre des *Invalides*, et contenant dix têtes, est occupée
par des bœufs incapables d'aucun fort travail, mais qui
peuvent néanmoins rendre quelque service à l'exploitation. La redevance de force motrice qui en est exigée
consiste uniquement à effectuer une demi-journée de
traction au manége ; tout en recevant une nourriture
propre à les amener à un engraissement lent, qui se pour-
suit au fur et à mesure du travail accompli. La viande
qu'ils produisent est plus recherchée, et aussitôt après
leur livraison à la boucherie, ces bœufs sont remplacés
par d'autres réservés aux mêmes usages.

GRANGE ET BATTEUR.

« A quelques pas de cette écurie existe le manége
d'un batteur-mécanique installé dans le bâtiment qui
suit, servant à engranger les céréales. Cette grange est
assez grande pour contenir cent cinquante mille gerbes
de céréales. Le batteur acheté en 1838, époque à laquelle
cet instrument était si peu répandu que M. d'Haussy
peut en être considéré comme le second ou tout au plus
le troisième importateur dans l'arrondissement, a été
construit dans les ateliers de M. Duvoir, de Liancourt ;
mais nous devons ajouter que longtemps avant l'acquisition de cet instrument, M. d'Haussy, de concert avec un

sieur Nicolas Legrand, d'Anzin, avait combiné la construction d'un appareil propre à battre mécaniquement les grains; appareil qu'il employa pendant plusieurs années jusqu'à l'apparition d'une machine plus perfectionnée.

« La vaste grange dont il vient d'être parlé termine, par son angle nord servant d'écurie aux chevaux de luxe des visiteurs, la série des écuries de la cour principale.

« La seconde cour qui suit immédiatement est bordée des bâtiments également à l'usage d'écuries auxquelles font suite les porcheries.

ÉCURIE DES BÊTES DE VENTE.

« Ces écuries au nombre de deux seulement sont réservées aux bêtes à cornes suffisamment grasses pour être vendues, cette disposition permet aux acheteurs une appréciation plus facile de la valeur de chaque animal engraissé sans parcourir toutes les étables.

PORCHERIES.

« Les porcheries contenant cent cinquante porcs de toutes forces, dont soixante-seize sont en ce moment propres à être livrés à la consommation, sont disposées par bouges et entourées d'une clôture formant une cour spéciale.

« La rare Yorkshire croisée avec celle du pays est celle à laquelle notre candidat a, depuis longtemps, donné la préférence.

FOSSE AUX URINES DES PORCS.

« Les urines de ces animaux plus estimées comme engrais que leur fiente, sont reçues dans des fosses spéciales par autant de conduites souterraines qu'il y a de bouges.

« Les cochonets sont vendus directement aux cultivateurs du pays.

BERGERIE.

« La bergerie occupe un bâtiment spécial faisant suite aux porcheries. Elle a été construite sur un terrain dont la déclivité naturelle a permis d'établir deux étages superposés l'un à l'autre, et propres à la même destination. Chaque étage divisé en trois compartiments correspondants formés par des murs élevés seulement de un mètre vingt centimètres peut contenir cent quatre-vingts bêtes à laine. Autour de chaque division ayant son entrée particulière, règnent les râteliers et auges construites en briques cimentées, et, au centre sont placés des bassins circulaires autour des colonnes en fonte supportant les planchers, on y verse le breuvage.

« Avant de visiter les autres parties de l'établissement spécialement réservées aux travaux industriels, nous pensons qu'il convient de parler des nourritures du bétail.

MODE D'ACHAT DES BŒUFS DE TRAIT.

« Les bœufs de trait sont choisis parmi les animaux achetés maigres destinés à l'engraissement. Ils appartiennent tous à la race du Hainaut Belge et coûtent conséquemment moins cher que s'ils étaient achetés spécialement pour le travail. Ils sont au nombre de quatre-vingt-six, dont quarante-quatre seulement sont entretenus dans les locaux de la ferme centrale [1].

---

[1] A diverses époques M. d'Haussy s'est occupé d'introduire dans sa ferme des animaux de races étrangères, et a suivi longtemps

NOURRITURE.

« Ils sont tous nourris comme les bœufs à l'engrais, avec des résidus de distillerie, pulpe de betteraves et coupage fermenté ; un kilogramme de tourteau de lin et un kilogramme d'avoine aplatie et non concassée sont mélangés à la nourriture.

L'AVOINE APLATIE ET MÉLANGÉE AU COUPAGE.

« Notons en passant que cette façon d'administrer l'avoine est également appliquée à la nourriture des chevaux, M. d'Haussy ayant, à la suite d'expériences répétées, reconnu que donnée de toute autre manière, l'avoine rendait la digestion laborieuse ou lui faisait obstacle, tandis que mélangée au coupage elle avait toujours tenu ses animaux dans un meilleur état de santé.

« La ration complète donnée à chaque animal varie en poids suivant sa force et son appétit.

NUMÉROTAGE DES ANIMAUX ET RÉGIME PRÉPARATOIRE.

« Avant l'engraissement, tous les animaux sans distinction aucune, sont numérotés le jour de leur entrée à la ferme. Les bêtes bovines sont soumises à un régime rafraîchissant dans une écurie spéciale dont nous aurons lieu de parler plus loin. Les bœufs maigres pèsent alors de quatre cent cinquante à cinq cents kilogrammes au

l'étude des croisements du sang Durham avec des Malinoises et des Hollandaises, dont il a obtenu, au su des cultivateurs du pays, des produits remarquables qu'il a propagés au fur et à mesure de leur obtension. — Il a été aussi un des premiers à introduire l'attelage des bœufs sous le harnais et à les employer aux transports généraux.

plus et subissent environ cent vingt jours d'engraissement avant d'être livrés à la boucherie. Au bout de ce
temps, le poids moyen d'un bœuf gras est de sept cents
kilogrammes, celui d'un mouton (poids brut) est de
soixante kilogrammes.

« Il n'est pas fait d'élèves de la race ovine, tous les
moutons sont, ainsi que les bœufs, achetés maigres pour
être engraissés et livrés à la consommation dans le plus
court délai possible.

ABREUVOIR, SOURCES ET EMPLOI DES EAUX DE DRAINAGES.

« Nous quittons les bergeries et nous arrivons par une
pente habilement ménagée à un bel abreuvoir alimenté
par les eaux qui sourcent dans une pièce d'eau d'agrément, auxquelles viennent s'ajouter, par suite d'une
combinaison intelligente, les eaux provenant des drainages voisins et dont la quantité est au moins aussi abondante que celle produite par les sources. Ces eaux cou-
rantes et très-saines peuvent, en temps de fabrication,
satisfaire aux besoins d'une distillerie et d'une sucrerie
considérables, dont nous parlerons après avoir terminé
la visite des bâtiments agricoles proprement dits.

« L'abreuvoir est séparé du bassin principal par un
mur à vanne grillée.

« Nous quittons la ferme centrale pour nous transporter à cinq cents mètres de distance approximative qui la
sépare de celle dite de l'Hôtel-Dieu.

FERME DE L'HOTEL-DIEU. — SES DISPOSITIONS ET CE
QU'ELLE CONTIENT.

« Cette ferme assise sur les deux rives de la Rhonelle
appartenait jadis à un cultivateur dont l'aptitude et les
connaissances ont pu rendre quelques services à l'agri-

culture locale : M. J.-B. Leduc. Elle est aujourd'hui la propriété des hospices de Valenciennes, et nous l'avons dit, en citant l'importance de la culture de M. d'Haussy, elle est louée pour un bail de dix-huit années. L'importance que cette ferme a eue, il y a quelques années, n'a pas empêché que les terres qui en dépendent aient eu à souffrir d'un changement de mains avant d'arriver à celles de notre candidat.

« M. d'Haussy, de la maison de maître de cette ferme, a fait le logement de son chef de labour, qui peut ainsi exercer une surveillance plus active sur les travaux d'intérieur. La disposition générale des bâtiments, comme il en est de la plupart des fermes du pays, présente une cour carrée dont le pourtour est occupé par des écuries et des étables spacieuses et bien aménagées. Elles sont au nombre de six, renfermant actuellement quarante-deux bœufs de trait et cent bœufs à l'engrais. Les bœufs de trait sont semblables à ceux tenus à la ferme centrale, et, comme eux, de première force et de premier choix. Il y a une bergerie appropriée pour sept cents moutons, et une porcherie contenant soixante porcs semblables à ceux que nous avons vus dans la ferme d'Haussy. Comme complément indispensable il y existe des hangars et des remises et une grange pouvant contenir cinquante mille gerbes.

Quarante-cinq hectares de terres labourables et prairies dépendent de cet établissement purement agricole et entourent en quelque sorte les bâtiments de ferme.

« C'est dans les dépendances de l'Hôtel-Dieu que sont tenues environ quatre cents volailles, appartenant aux meilleures races utiles et les plus prolifiques, de poules, canards et dindons.

LE MARONNIER, ANNEXE DE LA FERME D'HAUSSY.
APPLICATION DE L'INOCULATION

« Enfin, n'omettons pas de citer l'établissement agricole dit le Maronnier, annexe de la ferme d'Haussy, situé à deux cents mètres au nord de celle-ci.

« Le Maronnier, sans être, à proprement parler, une ferme, pourrait facilement le devenir avec l'adjonction de quelques bâtiments accessoires. Cet annexe se compose d'une magnifique étable de vingt mètres sur six, et a été spécialement construite en vue de recevoir, au fur et à mesure de son arrivée, tout le bétail destiné à l'engraissement. C'est là qu'il est soumis au régime rafraîchissant dont nous avons parlé, et qu'il est inoculé sans distinction d'âge ou de provenance. Le procédé Wilhem, à part quelques cas exceptionnels, y a toujours produit le meilleur effet, et la conviction de M. d'Haussy sur l'utilité de son application, est tellement éloignée du doute, qu'il ne cesse pas depuis dix ans de mettre ce procédé en pratique, comme moyen préventif de l'épizootie endémique qui attaque depuis de longues années la race bovine.

« A environ cinquante mètres, et faisant face à l'écurie ci-dessus, existait une belle grange qui, vers la fin de 1863, a été mise en cendres par un incendie produit par l'abandon d'une allumette chimique dans une gerbe de blé, et enflammée à son passage dans le batteur. Depuis ce déplorable évènement, M. d'Haussy en a fait construire une nouvelle sur le même emplacement, en apportant, dans la construction, des modifications très-utiles. Elle est en partie établie en maçonnerie à jour permettant un aérage très-satisfaisant de la masse des céréales qu'elle peut contenir : environ cinquante mille gerbes. Elle renferme un batteur puissant du système

Albaret et Cie., et réserve à l'une de ses extrémités plusieurs compartiments respectivement réservés aux fourrages divers et une belle écurie appropriée à recevoir toute espèce d'animaux, au moyen d'auges et de râteliers mobiles que l'on dispose suivant les besoins ; c'est en quelque sorte le local du trop plein. Sous les auvents qui ont été ménagés en établissant la toiture, sont symétriquement placés, par catégorie et par numéro d'ordre, une portion des instruments aratoires de l'exploitation.

INSTRUMENTS ARATOIRES ET D'EXPLOITATION.

« Les instruments aratoires et d'intérieur sont aussi nombreux que les besoins du travail le comportent, sans pour cela ressembler à un magasin de fabrication spéciale ou à un musée de collectionneur, c'est dire qu'ils sont tous employés suivant leur utilité.

« Nous avons vu en parcourant les bâtiments que deux batteurs mécaniques puissants étaient installés dans la ferme d'Haussy et son annexe. Voici maintenant, avec quelques observations, en quoi se compose le gros outillage de cette vaste et magnifique exploitation :

« Quatorze herses en bois et en fer.

« Sept binoirs, six harnais ordinaires, vingt-quatre brabants, dont douze en fer et douze américains. (Ces derniers utilisés à opérer les labours profonds sans se servir d'un instrument spécial, tranchent le sol à quarante-deux et quarante-cinq centimètres de profondeur, de manière à faire un-lit avant aussi satisfaisant qu'on le pourrait faire avec une fouilleuse des plus puissantes. Ce travail qui s'effectue avec cinq bœufs ne laisse rien à désirer, et se résume en deux labours successifs après déchaumage exécuté sur le sillon disposé par le brabant ordinaire).

« Sept rouleaux en bois, un en pierre et un en fonte

articulé, deux rouleaux Crosskill de Dervaux, trois extirpateurs de grande force, sept houes à cheval, deux semoirs à toute graine du système Corduan, quatre tarares, trois hache-paille du système anglais de Howard, importé par M. d'Haussy, un râteau à cheval système Hamoir, un crible trieur et nettoyeur, deux pompes à purin (construites chez M. d'Haussy sur le modèle que notre candidat a vu fonctionner dans une ferme de Clermont-Ferrand, mais auxquelles il a donné un peu plus de force matérielle); une pompe à incendie existant depuis 1846, cinq camions, trois chariots à tonneau en fonte, deux chariots servant au transport de l'alcool, deux autres utilisés à toute espèce de transport au moyen d'accessoires mobiles, et un petit chariot à quatre roues pour petits transports; enfin, de treize tombereaux et chariots appropriés à des transports spéciaux complètent l'ensemble du gros outillage agricole.

ATELIERS DE MARÉCHALERIE ET DE BOURRELLERIE.

« Chaque instrument porte un numéro d'ordre correspondant à celui qu'il occupe sur le registre spécial du matériel.

« Ils sont tous entretenus et réparés dans l'établissement par un charron-maréchal assisté de deux aides. Une forge et un atelier spécial sont réservés à ces travaux. Enfin un bourrelier et son aide ont également un atelier spécial pour exécuter les réparations incombant à leur état.

SUCRERIE INDIGÈNE.

« La sucrerie établie, en 1834, par M. d'Haussy père, dans d'anciens bâtiments dont on a su tirer le meilleur parti possible, et dont la machinerie a été plus tard modifiée par le fils, est précédée d'un vaste hangar sous lequel sont installés cinq fours au noir à *effet intermittent* d'une construction très-économique due à un sieur Gosserat d'Amiens.

« La distribution intérieure de cette belle usine présente, au dire des hommes compétents, tous les avantages qu'il est permis de désirer dans cette branche d'industrie. Six presses y sont mises en jeu, en temps de fabrication, et ont nécessité une série d'appareils propres à satisfaire à la quantité considérable de betteraves traitées.

IMPORTATION DE L'APPAREIL DIT A TRIPLE EFFET.

« Au nombre des appareils accessoires on ne peut omettre de citer celui dit à *triple effet* que M. d'Haussy a importé le premier dans l'arrondissement de Valenciennes, à la date de 1851.

« On traite dans cette usine cent vingt mille kilogrammes de betteraves par jour. La fabrication durant cent jours, c'est donc douze millions de kilogrammes de racines qu'on travaille chaque année.

SUPÉRIORITÉ DE RENDEMENT EN SUCRE.

« Depuis longtemps notre candidat obtient les plus beaux rendements en sucre, constatés par les livres de la Régie ; ce qui démontre, pour ainsi dire, la supériorité de qualité de la betterave qu'il cultive, comme l'heureux agencement des appareils, au reste, la betterave produit en moyenne six pour cent de son poids en sucre cristallisé. Cette richesse a souvent été attribuée à ce que M. d'Haussy faisait sa graine lui-même, et qu'il apportait un soin tout particulier dans le choix des racines porte-graine. C'est ce que nous ne saurions affirmer, mais cela est possible. Tout au moins cette culture complète l'ensemble de ses travaux agricoles. En un mot, on fabrique dans cette usine six mille sacs de sucre chaque année.

CONSTRUCTION D'UN DÉPOT DE RACINES ET D'UN CHEMIN
DE FER Y APPROPRIÉ.

« Lors de la visite faite par la Commission, M. d'Haussy surveillait la construction d'un nouvel établissement ayant pour objet un vaste dépôt de racines, lequel, bien que situé en dehors de l'usine et de la ferme, leur sera relié par un chemin de fer circulaire au tas, de manière à transporter sans surcroît de main-d'œuvre, la betterave au lavoir.

HANGAR AUX VÉHICULES.

« Ce même chemin de fer passera sous un hangar de grande dimension construit en vue de remiser les véhicules de toute espèce appartenant à l'exploitation, et à servir, au besoin, de dépôt couvert aux racines.

DISTILLERIE DE GRAINS.

« A la suite des bergeries de la ferme centrale, un beau bâtiment a été construit, en 1861, pour servir à la distillation des grains. Cette magnifique usine qui fonctionne depuis 1862, affecte la forme d'un carré parfait, et passe à juste titre, pour une des plus importantes du pays. Ses produits sont recherchés et s'écoulent aussi facilement que possible.

« On y opère par le malt et on produit deux pipes d'alcool par jour. Cependant on n'y emploie que la quantité de grains nécessaire à fournir les résidus utiles à la ferme sans qu'ils deviennent encombrants. La quantité d'alcool fabriquée en 1863, a été de trois cent dix pipes.

« Les appareils distillatoires occupent le rez-de-chaussée et l'étage supérieur où sont établis les réfrigérants de Franck et trois moulins mus par la vapeur. (Ces moulins sont aussi employés à l'aplatissage de l'avoine entrant dans la nourriture des animaux.)

« Par des renvois et des poulies, la machine motrice monte elle-même au grenier les grains nécessaires à la fabrication.

« Tout l'appareil est mis en œuvre par un générateur tubulaire de Cail avec machine horizontale de douze chevaux.

« Par des transmissions de mouvement habilement établies on fait manœuvrer, en temps utile, les hache-paille placés dans un local contigu à la distillerie et rapproché de la grange.

DISPOSITIONS PARTICULIÈRES PERMETTANT DE DISTILLER
LA BETTERAVE.

« Enfin, par suite de dispositions particulières très-habilement conçues par M. d'Haussy, et exécutées au moment de la construction du bâtiment, en ajoutant simplement un coupe-racine aux appareils existants, il serait permis de distiller la betterave par le système Champonois.

« Des locaux spéciaux dont les planchers, plafonds, portes et châssis vitrés sont en fer, servent à emmagasiner les produits fabriqués. La tonnellerie occupe les caves situées au rez du sol.

NOMBRE D'ANIMAUX EXISTANT.

« Nous avons terminé l'énumération des bâtiments agricoles et industriels composant l'exploitation de notre Candidat ; voyons maintenant quel était le nombre d'animaux qui y existaient le 21 juillet. Nous y avons compté :

  48 chevaux de trait ;

   4 poulains ;

  86 bœufs de travail ;

 205 bœufs et vaches à l'engrais (ces dernières au nombre de dix) ;

   4 vaches laitières ;

 1084 moutons ;

 210 porcs gros et petits ;

« Et cinq chevaux de luxe qui, quoique ne produisant aucun travail agricole, ne reçoivent pas moins leur nourriture et litière des produits de la ferme.

QUANTITÉ D'ANIMAUX LIVRÉE ANNUELLEMENT A LA BOUCHERIE.

« Le nombre d'animaux gras livré annuellement à la boucherie est de :

  480 bœufs et vaches ;

 4500 moutons ;

 100 cochons ;

Lesquels ont donné un poids brut moyen de viande égal à :

 336,000 kilog. viande de bœuf ;

 310,000 — — de mouton ;

  8,000 — — de cochon ;

Total 654,000 kilogrammes.

« Lequel total, réparti sur le nombre d'hectares cultivés, représente mille neuf cent treize kilogrammes de viande (poids brut) produits par hectare.

« Enfin, le nombre de têtes de gros bétail entretenues annuellement est de 3 t. 05ᵉ par hectare. Chiffre énorme auquel peu ou point d'exploitations du département ont atteint.

AVANTAGES DE L'ANNEXION DES DEUX INDUSTRIES.

« Nous ne pensons pas qu'il soit besoin de faire ressortir ici tous les avantages que l'exploitation purement agricole retire de l'annexion de la sucrerie et de la distillerie. Ils sont évidents en partie et communs à toutes les exploitations du même ordre, cependant nous en rappellerons les principaux, savoir :

1º Economie de travail par suite d'une force motrice puissante ;

2º Production de nourriture économique ;

3º Engraissement rapide et économique des animaux ;

4º Fabrication presque gratuite des engrais ; fumier de ferme ; compost et écumes de défécation ;

5º Fumures abondantes appliquées sur le sol ;

6º Production générale et intensive des denrées cultivées ;

7º Bénéfices augmentés ;

8º Enrichissement du sol.

« Malgré la grande quantité de nourriture produite par l'ensemble de l'exploitation et pour satisfaire complétement à l'entretien et à l'engraissement de l'énorme quantité de bétail que nous avons cité, nous devons dire que chaque année, il est acheté par M. d'Haussy, aux usines du voisinage, environ un million cinq cent mille kilogrammes à deux millions de pulpe et, que dans la dernière campagne, du premier juillet 1862 au 30 juin

1864, la comptabilité établit qu'il a été consommé, tant achetées que produites, les quantités de matières nutritives suivantes :

227,000 kilog.	de tourteau de lin ;
162,785	avoine ;
3,718,741	pulpe de betterave ;
8,290	son ;
45,965	drêche de distillerie ;
1,523,657	foin, paille et autres matières.

Total 5,687,438 kilogrammes de nourriture.

« Le prix total de cette énorme quantité de nourriture, sans distinction d'espèces d'animaux, s'est élevé à 223,216 fr. 50 centimes pour l'année 1863, ou à 221 fr. 35 centimes par tête de gros bétail et par an ou à 0 fr. 60 centimes par tête et par jour.

« Le compte ouvert au registre spécial et au numéro correspondant de chaque animal permettrait de connaître exactement ce qu'un cheval ou un bœuf a coûté. Nous avons pensé qu'il suffisait d'établir un chiffre moyen déduit du prix total des nourritures.

CHIFFRE DES AFFAIRES.

« Le chiffre total des affaires réalisées en 1863, s'est élevé à 2,328,078 fr. 72 cent.

En 1862 il a été de	2,142,917 fr. 62 cent.
En 1861 de	2,104,311 fr. 64 cent.
En 1860 de	1,856,098 fr. 74 cent.
En 1859 de	1,708,459 fr. 70 cent.

Total pour ces cinq années 10,139,867 fr. 42 cent.
dont la moyenne est de 2,027,973 fr. 48 cent.

« Tandis que, en 1845, époque à laquelle M. d'Haussy prenait définitivement les rênes de l'exploitation, le total des affaires ne s'était élevé qu'à 417,573 fr. 94 cent.

BÉNÉFICES.

« Quant aux bénéfices, ils ont suivi la proportion croissante des affaires négociées.

PERSONNEL AGRICOLE.

« Le personnel des agents agricoles de l'exploitation est, on doit bien le supposer, très-nombreux, mais cependant il ne dépasse pas les limites de l'économie.

« Depuis deux ans, tous, sans exception aucune, sont payés au mois, et ne reçoivent aucune nourriture dans la ferme.

« Cette mesure prise par M. d'Haussy, par suite de l'embarras que suscitaient les soins de préparation d'une nourriture spéciale et abondante pour un aussi nombreux personnel, joint à des réclamations systématiques et souvent prétentieuses de la part de certains agents ; d'un autre côté, reconnaissant qu'une certaine misère régnait, malgré de nombreux actes de bienfaisance, au foyer de plusieurs d'entre eux mariés et pères de famille qui, non contents d'être bien nourris, dissipaient la majeure partie de leurs gages au lieu de la réserver aux besoins du ménage, et par le fait apportaient trop souvent une souffrance ruineuse dans les travaux, M. d'Haussy, dans le triple but de la moralité, de l'économie et du bien-être des familles, a dû supprimer l'ancien système de paiement des salaires et se loue de cette résolution.

« Aux appointements viennent s'ajouter, chaque fois qu'un valet est appelé à conduire son attelage hors de la commune une indemnité de 20 cent., répétée autant de fois qu'il accomplit de voyages dans la journée. Si le voyage est trop éloigné pour permettre de rentrer avant le soir, le dîner des animaux qu'il conduit lui est payé, et il reçoit, pour ses dépenses particulières, une indemmité de 50 centimes, réglée à son retour.

« Malgré l'espèce de mécontentement que cette mesure a suscitée au début de son application, les agents, sans exception, apprécient aujourd'hui qu'elle leur est préférable sous tous les rapports, et ils reconnaissent unanimement que M. d'Haussy leur a rendu un véritable service.

« Nous ne nous permettrons pas, Messieurs les Jurés, d'abuser plus longtemps de l'attention que vous voulez bien nous prêter, en résumant les détails, sans doute très-incomplets, que vous venez d'entendre, et vous voudrez bien nous excuser de la longueur de notre exposé des travaux de M. d'Haussy. Cependant nous ne pouvons terminer sans vous témoigner nos sentiments particuliers relatifs à notre candidat. Veuillez donc nous accorder un dernier moment d'attention.

RÉSUMÉ ET CONCLUSIONS.

« L'ordre général règne dans toutes les parties de cette grande exploitation agricole et industrielle, et la tenue d'une comptabilité en partie double, aussi claire et aussi exacte que possible, permet de se renseigner sur tout et à l'instant, malgré la multiplicité des objets qu'elle embrasse.

« Par suite de la modestie naturelle qui domine toutes ses actions, notre candidat n'a jamais eu la pensée de présenter dans les Concours locaux, départementaux ou régionaux des spécimens de ses produits, en vue de l'obtention de récompenses honorifiques. Sur l'instance de quelque amis, ou pour donner satisfaction à l'amour-propre de M. Janot, son estimable comptable, il s'est décidé, à des intervalles éloignés, d'en exhiber quelques-uns. C'est ainsi qu'en 1855, il obtenait une médaille d'or au Concours de boucherie de Lille ; en 1856 deux médailles de bronze pour gros bétail ; dans la même année, une médaille d'argent au concours régional de Valenciennes pour une houe à cheval de son système ; en 1862, 63 et 64, trois primes de 200 francs chacune de la Société des courses de Valenciennes pour jument et poulains.

« Ce petit nombre de récompenses acquises, serait sans doute de peu de valeur aux yeux de ceux qui ne sauraient se rendre compte du but consciencieux de M. d'Haussy, mais nous pouvons ajouter que ce nombre aurait pu être accru de toutes les récompenses qu'à différentes époques en France et en Belgique, des animaux gras ou reproducteurs sortant de sa ferme et élevés par lui, ont obtenues au nom de personnes qui s'en étaient rendues acquéreurs. C'est ainsi, que récemment encore, deux bœufs gras ont été dirigés sur la Belgique pour être préparés au Concours de Bruxelles, après avoir été vendus par notre candidat, l'un 1,200, et l'autre 1,400 francs.

« Cette abstention de prendre part aux Concours, n'est point un motif pour que la grande aptitude dont M. d'Haussy est doué, n'ait pu servir d'enseignement au pays. Tous les ans, des jeunes gens sortant des écoles d'agriculture ou des fermes-écoles du gouvernement, viennent s'établir à Artres pour y suivre toutes les opérations agricoles pratiqués par M. d'Haussy qui, disons-le à sa louange, se fait et s'est toujours fait un devoir de les initier aux pratiques de son art, comme aux améliorations résultant soit de son expérience personnelle, soit des moyens nouveaux mis par la science au service du progrès. Nous pouvons même assurer qu'un très-habile agriculteur, lauréat de la prime d'honneur d'un Concours régional, suivi des principaux agents de son exploitation, s'est estimé heureux d'avoir, pendant quelques semaines, fait étude chez notre candidat.

« Quoique jouissant d'une belle fortune acquise en grande partie par ses travaux et d'une rare intelligence de l'art agricole et des affaires commerciales, M. d'Haussy n'a jamais cru devoir accepter les fonctions d'emplois publics qui lui ont été offertes plusieurs fois. Mais ce refus, justifié par ses immenses occupations dans la surveillance et la direction de tout, agriculture et industrie, ne l'a point éloigné pour cela des intérêts de tous, l'on peut dire, sans crainte d'être contesté, qu'il est toujours prêt à rendre service ; que ses conseils sont toujours écoutés et suivis avec la plus grande confiance.

« En un mot, MM. les Jurés, les services rendus par M. d'Haussy à l'agriculture du pays sont peut-être sans exemple si l'on considère la transformation rapide de la contrée qu'il habite, et la richesse qu'il a apportée par le fait de ses gigantesques travaux, les savantes combinaisons de sa culture, les introductions de races étrangères de l'espèce bovine comme celles d'instruments aratoires et industriels perfectionnés. Les succès presque constants qu'il a obtenus à la suite d'applications du nouveau régime agricole et de ses propres recherches, etc., le placent au rang des agriculteurs auxquels le gouvernement accorde les plus hautes récompenses.

« L'aménité avec laquelle notre candidat vit au milieu de la population de sa commune et de toutes celles environnantes, le font respecter et aimer de tous, et éloigne complétement de cet infatigable et habile agriculteur toute espèce de critique.

« Puissent ces titres obtenir vos suffrages et lui mériter la distinction que nous sollicitons en sa faveur. »

Le lendemain, M. Dervaud m'a fait reconduire à Va-

lenciennes, d'où je me suis rendu à la station de Lour-
ches, pays couvert de mines de houille, et par suite de
nombreuses usines; je venais y voir pour la seconde fois
M. Courtin, autre excellent et très-progressif cultivateur. Ayant remarqué que les betteraves avaient tous les
ans, de nouveaux ennemis, parmi lesquels les derniers
venus, les agrostis, étaient les plus dangereux, M. Courtin s'est déterminé à ne faire plus que vingt hectares au
lieu de cinquante, en betteraves; il a transformé vingt
hectares de terre, en prés qui lui servent à étendre les
produits de vingt hectares de lin, qu'il fait, en place de
racines; il s'est fait avec cela marchand et fabricant de
lin; il a monté une machine à vapeur fixe de vingt chevaux de force, qui dessert quatre machines à teiller le
lin; les détritus, ou chénevottes de ce lin, suffisent pour
chauffer la machine à vapeur, ce qui fournit une quantité de bonne cendre, pour fertiliser les terres. La machine à vapeur met encore en mouvement, une batteuse
qui rend le froment assez net pour qu'il puisse être vendu comme semence, elle fait monter les grains battus,
dans les trois cylindres en tôle, qui servent ici de greniers et peuvent contenir mille hectolitres. M. Courtin
les avait fait monter, avant que M. Fievet eût les siens;
cette machine à vapeur fait encore fonctionner une paire
de meules à faire de la farine, et une paire de meules
verticales pour pulvériser les tourteaux. Elle fait fonctionner l'aplatisseur d'avoine, le hache-paille, le cylindre à séparer la poussière du coupage, et toutes les
machines employées à la préparation de la nourriture
du bétail; enfin la vapeur perdue sert à faire cuire la
nourriture des bêtes à cornes. M. Courtin tient pour attelage, douze forts et bons chevaux, toute l'année, il leur
donne pour aides, douze bœufs pour faire les semailles;
ils sont très-bien nourris, afin d'être engraissés ensuite.

Les chevaux reçoivent huit ou dix kilos de grains,

suivant l'activité du travail, un tiers de ce grain est composé d'orge ou de seigle bouilli; le reste de la nourriture se compose de cinq kilos de foin, autant de paille, le tout haché, et arrosé avec de l'eau salée, à raison de cent grammes de sel, par tête de cheval, ou de bête bovine, et saupoudré d'un kilo de son par animal, cette préparation est donnée aux bêtes après fermentation. M. Courtin tient huit vaches laitières, dont le lait se vend aux ouvriers mineurs; il engraisse cent génisses, qui consomment quatre kilos de fourrage fermenté, de la pulpe, et une soupe composée de racines coupées, de farine d'orge et de tourteaux, le tout ayant été bouilli. Les cent génisses à l'engrais, reçoivent journellement une nouvelle litière, celle qu'on leur retire sert aux chevaux, bœufs et vaches, sous lesquels elle reste six semaines; on arrange journellement cette litière dans les écuries, bouveries ou étables, et on y répand vingt kilos de déchets de laine; ces déchets coûtent 10 fr. les cent kilos, et sont achetés dans les filatures du pays; aux litières, on ajoute encore cent kilos de cendre de chénevottes, cent kilos de poussière faite avec des matières sortant des hauts fourneaux, et qui ressemblent un peu à du verre; on les fait écraser par les roues des voitures sur le pavé; on ajoute à tout cela, aussi chaque jour, vingt kilos de chaux fusée, afin de produire du nitre; ces mélanges forment un fumier des plus fertilisants, ce qui n'empêche pas M. Courtin d'en mettre pour ses betteraves soixante-quinze mille kilos par hectare.

Il a renoncé à la distillation, à cause du trop bas prix des alcools; il vendra ses racines aux sucreries de Denain, dont il n'est qu'à deux kilomètres, il y prendra de la pulpe.

M. Courtin m'a dit que l'engraissement de ses génisses lui donne, tout bien calculé, plus que le fumier en bénéfice net, après avoir déduit le prix de la nourriture, du produit brut. Il m'a cité des génisses de choix, payées jusqu'à 360 fr., et vendues 535 fr., après cent jours d'engraissement ; elles ont donné 175 fr., et le fumier comme bénéfice net.

Il cultive les froments recherchés pour semences, dans les environs de Paris ; tels sont, le froment anglais blanc à paille rouge ; le froment rouge de sang, le froment de Berg ; celui-ci se vend 1 fr. de plus l'hectolitre, mais les froments anglais qui ont l'inconvénient de geler, une fois en dix ans, produisent beaucoup plus que le Berg, qu'on dit verser facilement ; je l'ai engagé à y joindre le froment Hallett.

Il m'a montré son lin qui, vu l'extrême sécheresse de l'année, est un peu court ; mais heureusement, il en avait acheté l'an dernier, où il était long, beaucoup plus qu'il n'en a pu fabriquer ; il espère en tirer un bon parti, le lin étant rare cette année. M. Courtin est obligé de faucher très-souvent ses vingt hectares de prés, pour pouvoir y étendre le lin ; cette herbe convient bien à ses bêtes bovines. Il a un troupeau de dishley-mérinos, depuis quatre ans ; les béliers viennent de chez M. Pilate ; il ne le conservera qu'autant qu'il le trouvera rémunérant ; sa comptabilité l'éclairera là-dessus.

Un jeune allemand est en pension chez lui, pour se perfectionner en agriculture ; dernièrement en traversant un champ de betteraves, ils se sont aperçu que parmi les betteraves qu'il butte, celles qui sortaient un peu de terre, étaient fortement attaquées par les agrostis ; ils en arrachèrent des unes et des autres, pour les comparer, et virent que celles dont les racines étaient cachées par la terre, n'avaient pas été touchées par les chenilles.

M. Courtin fait de la chaux pour ses terres ; elle ne lui revient qu'à 35 centimes l'hectolitre, étant fusée ; il en met fréquemment trente mètres cubes par hectare.

J'ai pris à regret congé de ce très-remarquable cultivateur, dont la manière de faire, mériterait d'être bien étudiée ; c'est chez des hommes comme lui que je mettrais mon fils en pension, si j'en avais un qui voulût se faire cultivateur.

J'ai été coucher à Saint-Quentin, où j'avais l'intention d'aller visiter MM. George et Sauvaige, qu'on m'avait cités comme de très-bons cultivateurs. Mais le terrible orage de grêle, dont j'ai parlé, y a causé d'affreux ravages, les arbres ont été complétement dépouillés de leurs feuilles ; d'autres ont été même brisés ; les betteraves ont été hachées, mais elles repoussent. Je n'ai pu me décider à voir cette désolation de plus près ; je me suis donc remis le lendemain en route pour Compiègne, afin de visiter à dix kilomètres de là, la grande culture de MM. Bourdon , à Remy; c'est une ferme de trois cents hectares, que ces Messieurs qui sont cousins-germains, font valoir à frais communs; M. Bourdon, l'associé de celui que j'avais vu chez Mme de la Houplière, m'a reçu fort bien, et m'a fait voir l'intérieur de sa très-grande et fort belle ferme ; ces Messieurs ont fait construire un grand bâtiment, pour y loger une distillerie ; la machine à vapeur est de trente chevaux de force ; cela leur a coûté 200,000 fr. Après s'en être servis pendant deux campagnes, la baisse des alcools les a déterminés à ne plus distiller ; ils ont heureusement trouvé un fabricant de sucre, qui leur a pris leur belle récolte de betteraves, sur cent vingt hectares, à raison de 18 fr. les mille kilos, à condition qu'ils les lui rendront à quatre kilomètres de chez eux ; mais leurs 200,000 fr. restent sans produire d'intérêts. Une belle grange en pierres de taille, contient une machine à vapeur fixe, de huit chevaux, une batteuse perfectionnée, et les appareils destinés à préparer la nourriture fermentée de leur nombreux bétail ; cela leur est revenu à 50,000 fr., les écuries contiennent trente beaux chevaux ; ils ont soixante bœufs achetés en Berry, dont quatre attelages formés de quatre bœufs chacun, vont soir et matin à Compiègne, chercher du fumier de cavalerie ; la première année qu'ils se sont mis à cultiver, ils en ont acheté pour 40,000 fr. afin de remettre le plus tôt possible en bon état leur propriété, abîmée par les fermiers sortant ; le troupeau est de mille moutons métis-mérinos ; les récoltes de céréales que M. Bourdon m'a fait voir après déjeuner, étaient belles ; comme il avait affaire en ville, il m'y reconduisit et je fus coucher à Paris. Je me suis rendu le lendemain à la ferme de Petit-Bourg, chez M. Decauville aîné ; sa culture s'étend sur six cents hectares ; cent quatre-vingts sont en betteraves ; une pluie des plus abondantes, que nous avons pu éviter en entrant dans une de ses fermes, a dû rendre le plus grand service ; M. Decauville avait fait remettre à neuf, il n'y a pas longtemps, sa grande distillerie qui lui a coûté 120,000 francs ; la grande baisse de l'alcool ne l'arrange pas.

Il a posé récemment, sur les bords de la Seine, une forte pompe qu'une machine à vapeur fait fonctionner ; elle emplit d'eau trois immenses tonnes en tôle, placées au haut de la côte ; la dépense d'installation s'élève à 50,000 fr. Il a pu s'arranger avec un certain nombre d'habitants de diverses maisons de plaisance, pour leur fournir de l'eau ; cela lui paye la moitié de l'intérêt du capital employé à cette opération ; comme la moitié du beau parc de Petit-Bourg vient d'être vendue, pour y établir des maisons de campagne, il a lieu d'espérer de ne pas payer trop cher l'eau qu'il emploie dans sa grande culture, et celle dont il a gratifié les habitants peu aisés de sa commune, dont il est maire. M. Decauville distille quarante-cinq mille kilos de racines par vingt-quatre heures, et rectifie les flegmes d'un grand nombre de distilleries qui existent dans un assez grand rayon, autour de chez lui ; on lui payait 15 fr. par hectolitre d'alcool rectifié; mais la baisse l'a forcé de réduire ce prix à 12 fr.; si l'impôt de 90 fr. par hectolitre, n'est pas changé, il est bien probable qu'il ne distillera ni ne rectifiera plus.

M. Decauville a monté, il y a quelques années, une fabrique de distilleries, lorsqu'il était avantageux de distiller; depuis, il s'est mis à fabriquer des machines locomobiles à vapeur, dont il a eu un bon débit; c'est un homme très-intelligent, et si les locomobiles viennent à ne plus être de défaite, par suite du bas prix des froments, il trouvera une autre corde à son arc.

Il engraisse chaque année, deux cents bêtes à cornes et deux mille moutons; il fait immensément d'excellent fumier, auquel il ajoute énormément d'engrais pulvérulents, et principalement du guano péruvien; cela le met en position de récolter beaucoup par hectare; lorsqu'on récolte au moins trente hectolitres de froment par hectare, on peut encore le vendre au bas prix de l'époque actuelle, sans y mettre du sien.

Il cultive beaucoup de colza qui lui donne habituellement de très-bonnes récoltes, car il le fume abondamment; cette année cette récolte a été mauvaise, elle n'a produit qu'environ quinze hectolitres, qui se sont vendus 31 fr.; cette demi récolte a encore donné 465 fr. par hectare; la moyenne de ses loyers ressort à 100 fr. par hectare; quoiqu'il n'ait que des baux de quinze ans, M. Decauville n'hésite pas à drainer à ses frais, les terres qui en ont besoin, tant cette opération lui est avantageuse; à la vérité, les propriétaires qui ont de pareils fermiers, doivent être assez prudents pour ne pas les perdre volontiers.

L'agrostis n'a pas encore été vu chez lui.

Si la distillation devait totalement cesser, elle pourrait être remplacée par une sucrerie.

M. Decauville a fait cette année quinze hectares de lin,

qui a été assez long pour l'année; mais il n'a pu le vendre que 800 fr. au lieu de 1,000 à 1,200 fr., prix assez habituel dans le Nord. Les houblonnières et la garance sont encore des cultures qu'il pourra essayer; mais les froments seront toujours profitables dans les environs de Paris, à cause de la vente de la paille.

Cet excellent et très-remarquable cultivateur, ne se plaint pas de ses ouvriers; ils sont chers, dit-il, mais en les traitant et les payant bien, ils travaillent de même; il a beaucoup d'anciens serviteurs, car il est généreux pour ceux qui le servent bien; il leur donne des sommes assez rondelettes, mais à des époques différentes, afin que cela ne devienne pas une habitude ou comme une chose due.

S'il a à se plaindre de certains ouvriers, il leur parle comme à des hommes raisonnables. Avec vos chevaux, leur dit-il, avec la charrue ou la voiture que vous menez, vous me coûtez, tant par jour; si votre travail ne me gagne pas plus que vous ne me coûtez, il ne me faudrait pas longtemps pour être ruiné, employant autant de monde; ainsi soyez raisonnables, travaillez bien, employez bien votre temps; sans cela, je serais forcé de vous remplacer. Ces admonestations faites de sang-froid, réussissent habituellement. Quant aux ouvriers belges qui viennent faire sa moisson à la sape, ils écrivent chaque année, pour demander si on les emploiera; s'il n'est pas content de l'un d'eux, il ne le redemande pas.

M. Decauville a l'habitude de tremper la soupe à ses ouvriers venant de loin; c'est une dépense, mais elle lui procure plus de main d'œuvre qu'il ne peut en occuper sur ses six cents hectares.

J'ai remarqué chez lui, comme chez la plupart des bons cultivateurs du Nord, beaucoup de rouleaux, des

Crosskill, des rouleaux articulés, d'un grand diamètre et d'un grand poids, dont on se sert beaucoup, et principalement sur les betteraves et le froment.

Je suis reparti le lendemain pour Orléans, d'où je voulais faire une visite à M. Nouel-le-Comte, à sa ferme de Lille, commune de Saint-Denys en Val ; mais j'ai appris, qu'il était atteint d'une fluxion de poitrine, dont j'ai su depuis, qu'il avait pu se rétablir, plus heureux que son cousin-germain, M. Paul Malingié, à la Charmoise, enlevé il n'y a pas longtemps au grand regret de ceux qui le connaissaient.

J'ai pu apercevoir en traversant les terres de la ferme de Lille, par deux chemins différents, en venant et en m'en allant, un grand champ de sable, couvert d'un moha fort épais, et haut de quatre-vingts centimètres ; on le fauchait pour le bétail, dans un moment où la sécheresse a tout brûlé, excepté la luzerne, dont les longues racines trouvent encore de l'humidité.

M. Nouel a planté, il y a trois ans, une vigne qui pousse vigoureusement ; mais j'ai été étonné qu'il ne l'ait pas disposée, de manière à la cultiver à la charrue, du reste, j'ai déjà remarqué, que dans les environs d'Orléans, toutes les vignes nouvellement plantées, que j'ai eu l'occasion de voir, sont plantées à l'ancien usage ; j'ai vu de beaux semis de colzas et de navets, faits en lignes, enfin des topinambours venant très-bien dans de pauvre sable, qu'on avait bien fumé.

Je suis allé coucher à Beaugency, pour me rendre de bonne heure à Huppemeau, en pleine Sologne, chez M. Ménard ; malheureusement, il venait de partir ; Madame m'a appris que leur fils aîné, au sortir de l'école centrale de Paris, comme ingénieur civil, avait eu une place de 1,500 fr., au chemin de fer de Bayonne ; un de ses camarades de l'école centrale, placé avantageusement à Madrid, l'avait engagé à venir le rejoindre, et il avait trouvé à se placer dans l'administration du gaz, avec 5,000 fr. d'appointements.

J'ai vu chez M. Ménard, de belles betteraves que les insectes ont trop éclaircies à la levée, et un fort beau champ de carottes; on fauchait ses luzernes pour la troisième fois; les froments donneront environ vingt-deux hectolitres par hectare; mais les avoines sont brûlées. Dans les pays où les sécheresses sont fréquentes, et les hivers pas trop sévères, il faut semer de l'avoine d'hiver.

Le bail des terres en culture de **M. Ménard**, expire dans six ans; mais il a dix ans de plus, pour toutes les terres semées en bois ; il sème donc encore ses terrains les moins bons, en pins maritimes, que les vignerons des bords de la Loire lui payent bien, à un certain âge, pour faire des échalas et des fagots, et avec les brindilles, de la litière. Je suis allé coucher le même jour 14 août, au château de Montchenin, à six lieues de Tours, chez mon ami, M. Paul Allibert.

Je vais commencer par raconter ce que j'ai vu au château de la Guéritaude, dans une visite que j'ai faite le 27 du même mois, à M. Delaville-Leroulx ; la famille était absente; le régisseur M. Amis, qui est de la Brie, nous a fait voir à M. Bouchaud, régisseur de la terre de Montchenin, qui m'avait amené, et à moi, une écurie contenant dix-huit chevaux bretons; il se plaignait de ces animaux ; ils sont vieux pour la plupart, et ils ne font que trente ares de labours pendant les longs jours, en terres assez légères et ayant un très-long rayage; leur pas est trop court, je pense que le manque d'activité des laboureurs du centre de la France, doit entrer pour quelque chose dans ce peu de besogne; une petite gratification accordée sous condition que leurs chevaux ne maigriraient pas, pourrait probablement remédier à cet inconvénient; avec des laboureurs de la Flandre belge, marchant en tête, on arriverait à faire de quarante-cinq à cinquante ares par jour, avec les mêmes chevaux.

L'étable contient un beau taureau durham, avec une vache et une génisse de même race, deux vaches hollandaises, et dix cotentines; une autre étable logeait des élèves.

La bergerie contient trois cents brebis ou antenaises, croisées southdown et mérinos; leurs toisons pèsent en moyenne trois kilos cinq cents grammes en suint; cette laine a été vendue cette année 2 fr. 10 cent. le kilo; il y avait cent soixante-quatre agnelles dans une autre bergerie; j'ai vu quatre béliers de pure race southdown, dont deux un peu hauts sur jambes venaient de la ferme de Vincennes, et les deux autres, de chez le comte de Bouillé; ces béliers m'ont paru trop gras; ils avaient, durant la lutte, deux litres d'avoine chacun; on leur en a ôté un, depuis ils étaient tenus dans un petit parc formé de fer creux qui contient un râtelier double, couvert. La culture s'étend sur deux cents hectares, que le père du propriétaire actuel, a fait drainer il y a cinq ans. Il n'y a dans cette culture que six hectares de prés qui font partie du parc; mais on a fait cinquante hectares de luzernes; celles que nous avons vues, étaient très-belles, et allaient être fauchées. Les champs de betteraves que nous avons aperçus étaient bons; on en fait une grande étendue pour la distillerie.

Le régisseur nous a dit que les résidus lui avaient fait périr des brebis et des agneaux, ce qu'il attribue à la trop grande quantité d'acide qu'on y avait mis; les agneaux mâles avaient été vendus âgés de deux à trois mois, 17 fr. 50 cent. la pièce, à des bouchers de la ville du Mans, qui sont venus les chercher en plusieurs fois à la bergerie.

Les agnelles étaient fort belles; on les tient à la bergerie, jusqu'à plus d'un an. Je n'ai rien vu de remarquable en fait d'instruments.

On a établi, au moyen d'une petite chute d'eau, un bélier hydraulique qui monte de l'eau d'une vallée assez profonde, au château et à la ferme. L'écurie et la vacherie sont récemment construits et forment un fort beau bâtiment de basse-cour. Mais revenons à Montchenin; la culture s'y étend sur quatre-vingt dix-sept hectares, qui ne contiennent que cinq hectares de prés; on est en train de défricher une dizaine d'hectares de taillis de chênes détruits par les animaux; ce seront de bonnes terres quand le travail sera terminé; on les cultive pendant les quatre premières années, en leur appliquant d'abord six cents kilos de phosphate de chaux fossile, qu'on réduit successivement jusqu'à trois cents kilos la dernière année; c'est en tout mille huit cents kilos qu'on paye à Paris 6 fr. les cent kilos. On pourrait les avoir à Grand-Pré, département des Ardennes, non loin de Vouziers, à moins de 4 fr. les cent kilos; comme la rivière de l'Aisne est navigable, et que les bateaux se rendent à Paris par l'Oise et la Seine, je crois que si on achetait à Grand-Pré ou aux environs, on aurait ce phosphate à 5 fr. rendu à Paris; mais en le comptant à 8 fr. rendu sur place, les quatre fumures d'un hectare de défrichement, ne reviendraient qu'à 150 fr., et donneraient quatre bonnes récoltes; on chaule ensuite à raison de quinze mètres de chaux, qu'on fait cuire sur la terre; la roche étant très-dure, et les ouvriers de Touraine étant fort chers, par suite de leur extrême rareté, la chaux revient à 13 fr. 80 cent. le mètre cube; le chaulage, cette très-grande amélioration durant quinze ans, revient donc à 207 fr. par hectare.

J'ai vu avec le plus grand plaisir, du maïs dent de cheval, ayant plus de trois mètres de haut, en place de ces mauvais taillis où se trouvait plus de bruyères que

de bois ; le chaulage et soixante mille kilos de fumier,
avaient suffi pour opérer cette métamorphose ; ce maïs
avait une grande épaisseur de tiges, qui passées au
hache-paille , donnent la meilleure nourriture qu'on
puisse souhaiter pour le bétail qui n'en perd pas la
moindre parcelle ; le sorgho sucré de Chine, rivalisait
presque de hauteur avec son voisin, le maïs dent de
cheval, tandis que le maïs quarantain qui était planté
à côté, pour graine et est bien espacé, ne s'élevait pas à
quatre pieds ; on le cultive pour les volailles et les cochons. Au reste, il paraît d'après un article d'un correspondant du Journal pratique du 5 avril, que le maïs
géant de Caragua, a donné plus du double de grain
du maïs de son pays, qui produisait habituellement
quarante hectolitres. Ces fourrages nouveaux pour nous,
mais que j'ai vu cultiver fort en grand, dans diverses
parties de la vieille Prusse et en Silésie, dans l'année
1853, ont le mérite de mûrir dans le midi de la France ;
le maïs dent de cheval a même muri à Montchenin, en
1864 et 1865, quoique semé fort épais, pour fourrage ;
à la vérité, c'étaient deux années exceptionnellement
chaudes. J'ai vu aussi dans ces défrichements chaulés et
bien fumés, de beaux trèfles, et des topinambours à tiges
de six ou sept pieds de hauteur et très-feuillés ; quand
toutes les autres mourritures vertes ont été consommées,
ces tiges ont été très-bien mangées par les bêtes à cornes
et les bêtes à laine ; c'est ce qui se faisait depuis bien des
années, chez M. Paul Malingié, de regrettable mémoire.

M. Allibert a fait venir et semer une petite quantité
de graines de lupins à fleurs jaunes, pour s'en faire de la
graine ; cette graine lui fournira ensuite un fourrage
anti-cachexique, produisant de fortes récoltes, même
dans de pauvres terres sablonneuses. Il a semé aussi des
lupins à fleurs blanches ; ceux-ci sont destinés à former
des fumures vertes, en les semant en récoltes dérobées,

après un fourrage d'hiver, tel qu'un mélange formé de seigle, avoine et orge d'hiver, trèfle incarnat, jarosse, vesces et pois d'hiver.

Le môha est un fourrage des plus recommandables pour être consommé en vert dans le mois de juillet; il y en a ici un champ, il a plus d'un mètre de haut et est d'une grande épaisseur; on m'a mandé depuis, qu'il a donné plus de douze mille kilos d'un fourrage sec excellent, et très-nourrissant par suite de la très-grande quantité de graine de millet qu'il contient.

Le colza semé le 12 juillet pour replant, est trop épais et tellement grand, qu'il ne sera pas bon, je crois, pour replanter; mais il fera une excellente nourriture verte; on en fait beaucoup à cette intention, dans la Grande-Bretagne; on le mêle aussi aux fourrages mélangés de printemps; les fourrages mêlés, d'hiver ou de printemps, produisent toujours plus abondamment que les vesces semées seules, et ils sont préférés par les bêtes.

Les colzas semés en lignes, pour rester en place, sont bien levés et déjà à l'abri des altises.

M. Allibert possède une faucheuse Peltier, destinée à un cheval; elle opère très-bien, mais elle fatigue trop un seul cheval, et ne fait pas assez d'ouvrage pour deux; elle ne coupe que deux hectares par jour; le fourrage qu'on coupe, se trouve bien placé sans avoir besoin d'être éparpillé; le râteau à cheval de Howard, étant passé en long et en travers, ne laisse rien traîner; M. Allibert a aussi la faneuse de Nicholson; elle a très-bien fonctionné, cet été, au point que M. Bouchaud, le régisseur, a pu rentrer plus de cent mille kilos de foin, sans avoir besoin d'employer de femmes pour faner; c'est fort heureux, car les femmes de ce pays ne veulent pas travailler dans les champs : le régisseur a toutes les peines possibles pour réunir trois femmes de journée, et cependant il leur donne encore 1 fr. en septembre.

Les journaliers sont aussi très-rares, et fort chers; ceux de choix, gagnent encore 2 fr. 50.

M. Allibert vient de recevoir de Saint-Nazaire, quinze mille kilos de guano péruvien; il coûte par mille kilos, 312 fr. 50 cent. rendu au chemin de fer, et 10 fr. par mille kilos pour être transporté à Tours; il a fallu une journée de cinq hommes et de quinze chevaux, pour le conduire de Tours à Montchenin; les mille kilos coûtent à Montchenin, 330 fr.

Dans une visite faite au docteur Touchard, habitant de la commune d'Esvres, dont la population est de mille huit cents âmes, le docteur nous a fait goûter du vin de paille, qui nous a paru meilleur que les vins de liqueur d'Espagne; il le fait lui-même, de la manière suivante :

On récolte dans ses vignes une espèce de raisin, nommé du Malvoisy. Lorsqu'il est bien mûr, les grappes de couleur rose sont rangées sur des claies qu'on expose le long d'un mur regardant le midi; elles y restent pendant une quinzaine; on a le soin de les couvrir pendant la nuit, et pendant les jours pluvieux; on les rentre, lorsqu'on prévoit un orage; quand les grappes sont desséchées à moitié, on les met sous le pressoir; on laisse le vin pendant quelques jours dans un fût défoncé pour pouvoir l'écumer, et on le met ensuite dans une barrique qu'on ne doit pas remplir, car cette précaution l'améliore singulièrement, assure le docteur Touchard. Il nous a dit encore qu'en ajoutant un quart ou moitié de vin blanc, de pineau, ou auvernat meunier, au vin de côt cuvé pendant deux ou trois jours seulement, on obtient un fort bon vin de table.

M. Allibert nous a conduits, son régisseur, son vigneron, et moi, au château de la Dorée, chez le comte Odart. A l'âge de quatre-vingt-huit ans, il est encore gai et plein d'esprit; toute sa vie il s'est occupé de viticulture; il a réuni dans son parc, plus de six cents cépages de di-

vers noms, qu'il a fini par réduire à environ deux cent
soixante variétés, en élaguant les moins bons et en tenant
compte des homonymes. Le comte attendait le docteur
J. Guyot, accompagné de plusieurs membres de la Société d'Agriculture de Touraine, et de propriétaires viticulteurs des environs. Le comte devant ménager ses
forces pour cette réception, nous a confiés à son vigneron, depuis bien des années à son service, pour nous
faire connaître les meilleures espèces de raisins, mûris-
sant habituellement sous ce climat; voici les noms des espèces les plus recommandables pour treilles; chasselas
negrétonis, chameilland, santa morana, gros raisin rouge
noir de holangton, guiné dit gamai blanc de table,
pépins de Schyras, tanta moréna, Ischia, muscat du Puy-
de-Dôme, muscatellico de Genève, muscat bifère, chasselas de Montauban, brustiano, schiradzouly, espagnton
noir des Hautes-Alpes, olivette noire, précoce de Gênes,
précoce de Malingre, précoce de Saumur, malvoisie de la
Drôme, malvoisie de l'Hérault, milhaud de Pradel, lindi-
gana rose, raisin excessivement productif, chiaoux d'Al-
gérie, malvosia grossa, utienga très-précoce, keschmis-
chnovo, rouge de Madrid très-beau, vauderlang
autrichien; maintenant voici des noms de cépages
recommandables pour vignes; le côt, le carmenet sauvignon, le pineau de Bourgogne rouge ou blanc, le pineau
mouret, très-productif, le blanc de Crimée à gros grain,
bon pour vignes et aussi pour espalier, auvernat meunier, malvoisie de couleur dorée, les gamais, de la dolve,
de Châtillon, Nicolas, se liverdun, le plus abondant des
gamais, mais pas si bon que les précédents. On peut se
procurer des boutures de ces divers cépages, en écrivant
au vigneron du comte Odart, au château de la Dorée,
Indre-et-Loire, le comte lui en laisse les produits; je ne
connais pas le prix des petites quantités, mais celui de
mille boutures est de 25 fr.

Ayant été plus tard rejoindre le comte, nous avons fait la connaissance du docteur Forest de Tours, il nous a dit qu'il cultivait ses vignes avec soin, qu'il faisait pour les fumer, des composts arrosés d'urine achetée aux stations de chemin de fer voisines. Nous avons aussi fait la connaissance de M. Barnsby, pharmacien de l'Hôtel-Dieu à Tours, qui a en même temps la direction du jardin des plantes de cette ville.

Le docteur Guyot n'est arrivé qu'à quatre heures, ayant visité dans la matinée, les communes de Joué, de Monts, les vignes de M. Drake et celles de M. le comte de Sazilly, remarquable viticulteur, chez lequel ces messieurs avaient déjeuné ; le comte Odart et le docteur ont eu beaucoup à se dire, comme auteurs de plusieurs ouvrages sur la viticulture. Le comte a fait voir au docteur sa collection de ceps, ce qui a employé assez de temps ; ensuite, le docteur Guyot s'est dirigé vers l'habitation de M. Charles André, maire d'Esvres, grand propriétaire de vignes ; nous avons accompagné le docteur, que nous avons pu suivre de plus près, le nombre de ses auditeurs, avides de l'entendre, ayant diminué. M. le maire nous a fait voir son cellier, où se trouvent le pressoir et cinq cuves, dont une de la contenance de vingt-cinq mille litres.

Nous sommes allés après cela dans ses anciennes vignes, principalement plantées en côt, vin que les marchands de vin recherchent pour faire leurs mélanges ; l'étendue de ces vignes, cultivées à bras, est de quinze hectares ; pendant que nous nous rendions aux vignes, voici ce que j'ai pu entendre et retenir, des dires du docteur Guyot. Il nous a dit que pour faire du bon vin, il fallait peu cuver, que dans une année où le raisin a bien mûri, il ne doit rester que deux jours ou au plus trois jours dans la cuve ; si au contraire le raisin n'a pas atteint sa complète maturité, on doit le laisser cuver cinq ou six jours; c'est ainsi que cela se pratique dans les pays où la viticulture est bien dirigée. Le raisin vendangé le matin, lorsqu'il fait encore un peu froid, au lieu d'être versé directement dans les cuves, doit rester jusqu'au soir dans les tonneaux défoncés, qui servent à le ramener de la vigne; on place ces pièces pleines de vendange, au soleil, afin qu'elles soient réchauffées lorsqu'on les verse dans la cuve; si on ne prend pas cette précaution, la vendange froide retarde l'entrée en fermentation de la cuve; lorsqu'on ne prolonge pas la fermentation dans la cuve, il ne faut pas égrapper du tout; la rafle n'a pas le temps de laisser dans le vin, plus de tannin qu'il ne lui en faut pour sa conservation; le docteur disait encore que le goût acre du vin, provient de la pellicule et surtout des pépins du raisin, lorsqu'on fait cuver longtemps; le chapeau qui surnage sur le vin, s'aigrit durant une longue fermentation, et communique son acidité au vin. Le docteur blâme beaucoup un prétendu perfectionnement, qui consiste à enfoncer et à retenir le chapeau dans le vin; car alors le chapeau s'empare d'une partie de l'alcool qu'il ne rend pas.

Le docteur dit que l'acide carbonique se maintient à la surface du vin et sert ainsi en partie, à empêcher l'évaporation de l'alcool, en même temps qu'il empêche le contact du vin avec l'oxygène de l'air.

M. Charles André a planté, il y a huit ans, vingt hectares en vignes, sur de bonnes terres, mais souffrant de l'humidité; il eût fallu les drainer pour bien faire, au lieu de se contenter de faire à ciel ouvert, des rigoles peu profondes; elles se sont déjà rebouchées en partie, ce qui va le forcer de les refaire; mais ce n'est pas le seul inconvénient de ces rigoles engazonnées, elles salissent beaucoup les vignes, par leurs graines et par les plantes traçantes, les chiendents et autres.

M. Charles André a mis dans cette terre, deux espèces de ceps très-productifs, mais de faible qualité ; on les nomme l'un, gros lot de Cinq-Mars, et l'autre bourgogne. Ils lui ont déjà produit beaucoup de vin. Les ceps de cette vigne, sont plantés en lignes droites, séparées par un mètre trente-trois centimètres, et se trouvent à un mètre, dans les lignes ; M. Charles André les cultive avec une petite charrue attelée d'un cheval.

Le docteur nous a donné une leçon de taille, pour transformer les ceps de grosse race en usage dans ce pays ; et leur donner la forme en gobelets, qui n'a pas besoin d'échalas, tout en permettant aux grappes de voir le soleil et d'avoir de l'air, tandis qu'au contraire, on a l'habitude dans ce pays de serrer autour d'un échalas, les trois ou quatre tiges du ceps, cela leur ôte en partie le soleil et les étouffe. Le docteur nous a montré, en faisant cette démonstration de taille, que lorsqu'on supprime un sarment, on doit le tailler en travers l'œil, au lieu de le faire entre deux yeux ; car l'œil ne contient pas de moëlle ; si on agit autrement, on fait périr le bout de sarment restant au-dessus de l'œil conservé. M. Charles André a remercié le docteur de sa démonstration, et de ses conseils, et il lui a dit qu'il les mettrait en pratique ; nous nous sommes séparés alors ; le docteur retournait à Tours, devant visiter le lendemain le marquis de Quinemont, qui possède et fait valoir soixante hectares de vignes cultivées à la charrue ; cela ne l'empêche pas de diriger une fort grande fabrication de chaux hydraulique, qu'il expédie dans toutes les directions et à de fort grandes distances.

Le docteur verra le même jour, les environs de Chinon, grand vignoble, dont le vin est estimé.

M. Allibert avait l'intention de nous conduire le 9 septembre à Tours, pour assister à la séance de la Société d'Agriculture, dans laquelle le docteur Guyot devait rendre compte de ce qu'il avait vu d'intéressant et d'utile, dans la tournée viticole de sept jours qu'il avait faite dans le département d'Indre-et-Loire; mais s'étant trouvé indisposé, il n'a pu nous y accompagner.

La séance de la Société d'Agriculture a commencé par un rapport que M. Fennebresque, directeur de l'agriculture à Mettray, a fait sur les cultures d'un fermier belge, dont la ferme est dans les environs de la ville de Loches, il en a fait le plus bel éloge, et la Société lui a décerné une médaille d'or. Le second rapport regardait la culture de M. Révérand, propriétaire à Aubigny et voisin de M. Allibert; je le visite tous les ans et j'ai chaque fois trouvé ses terres couvertes de belles récoltes; cette propriété a une étendue de cent hectares et est en très-bon fond. Je ne fais qu'un reproche à M. Révérand, c'est de tenir trop aux anciens usages, et de ne pas vouloir sortir de l'assolement triennal avec jachère complète.

M. Révérand a obtenu une médaille d'argent.

Plusieurs autres primes ont encore été décernées ensuite. Le docteur Guyot a pris la parole devant un auditoire composé de plus de cent personnes; il a une grande facilité d'élocution et se sert des expressions les mieux choisies et les plus faciles à comprendre; je ne sais pas combien de temps son éloquent discours a duré, mais pendant les trois heures et demie, qu'il m'a été permis de l'entendre, le public m'a paru des plus satisfaits; on l'écoutait avec la plus grande attention, et on l'applaudissait chaudement.

Voici le peu de choses dont ma mémoire de soixante-seize ans, ait pu se charger, sur la quantité considérable de faits très-intéressants, dont le docteur Guyot nous a fait part; il nous a donné d'abord les noms des cépages le plus habituellement cultivés en France, et y donnant les meilleurs vins. Ces cépages sont : le pineau noir de

Bourgogne, l'auvernat meunier, le carmenet sauvignon et le côt ou Bordeaux. Les gamais qui sont plus productifs, viennent ensuite, mais en cultivant soigneusement et en fumant suffisamment, les vins fins produiront toujours plus de revenu net, que les races de ceps qui produisent ce que le docteur nomme les vins d'abondance, et dont il déconseille fortement la culture.

Les personnes qui taillent à un œil, ont tort; celles qui laissent deux yeux, récoltent généralement le double; on doit conserver aux cépages fins le plus de bois possible; par conséquent, il faut laisser une distance suffisante entre les ceps, qui s'affament mutuellement quand ils sont trop rapprochés, tout en se privant de soleil et d'air.

En taillant la vigne, il faut que le sécateur partage en deux l'œil le plus rapproché de ceux qu'on veut conserver; les yeux sont sans moëlle, mais quand la moëlle est mise à jour, on fait périr le morceau de sarment, laissé au-dessus de l'œil conservé, ce qui nuit au cep.

Le docteur a dit que le pincement des vignes était fort coûteux, mais qu'il augmentait le produit de bien plus qu'il ne coûte, et qu'il avait vu des cas, où le pincement, très-bien fait, avait donné sur un hectare, 300 fr. de produit net de plus, que sur l'hectare voisin où le pincement n'avait pas eu lieu. Il condamne absolument le provignage.

Il préfère pour la plantation des vignes, les boutures aux plants enracinés, qui donnent, à la vérité de l'avance, mais beaucoup manquent. Il dit que les boutures bien préparées et plantées lorsque le temps est devenu chaud, prennent presque toutes; pour les avoir bonnes, il faut les couper avant l'hiver, les préparer d'égale longueur, à trente-trois centimètres, les lier en bottes de cent, les bouts inférieurs du même côté; on doit alors les enterrer dans des silos en terre saine, et glisser de la terre meuble entre le bas bout des boîtes et les parois des silos, enfin il faut les couvrir d'un pied de terre bien tassé; au moment de planter, on doit rejeter toutes les boutures dont le bouton ou nœud inférieur, n'est pas garni de petites pointes de racines; on doit enterrer à vingt centimètres seulement les boutures; en Saintonge, on les arrose avec du purin, ou de l'eau de guano, en les plantant, cela les avance d'un an. Le docteur a remarqué en parcourant plus de la moitié de la France vinicole, que plus on enfonçait les boutures en terre, plus il faut d'années pour qu'elles fructifient; dans un pays où l'on enterre les boutures à cinq pieds de profondeur, on est jusqu'à sept ans sans récolter; là où les boutures ne sont enfoncées que de vingt centimètres, on récolte la troisième année de la plantation. Le docteur a dit encore qu'un viticulteur du centre sud de la France, lui avait assuré que les boutures prises au bas des sarments, sont plus lentes à pousser, que celles prises plus haut.

Le docteur a vu dans ses explorations, des viticulteurs qui soignent si bien leurs vignes, qu'ils récoltent depuis fort longtemps une moyenne de cent hectolitres par hectare.

Je suis arrivé le même jour chez le comte de Baillon, au château de Chissay, près Montrichard, dans la vallée du Cher; c'est un pays de vignes, s'il en fut; sur une étendue de deux mille huit cents arpents de soixante-six ares, que contient cette commune, plus de deux mille sont en vignes; le cépage est généralement du côt; ce qu'il y a de très-remarquable ici, c'est que maintenant le plus grand nombre des propriétaires de vignes de la commune de Chissay, ne se contente plus d'adopter la culture en chintres, méthode inventée il y a une quarantaine d'années, par un simple vigneron nommé Denys; il travaillait alors pour le château de Chissay; son invention, jointe à son activité et à son économie sans pareille, en ont fait un homme riche d'une centaine de mille francs; les propriétaires, dis-je, ne se contentent plus de planter en chintres des vignes nouvelles; mais ils se décident la plupart, à arracher trois rangs sur cinq dans leurs anciennes et bonnes vignes; les rangs se trouvaient en lignes séparées d'un mètre, et les ceps étaient également distants d'un mètre; par suite de cet arrachage, les lignes de vignes conservées, sont à quatre mètres au lieu de cinq, distance adoptée par maître Denys et les vignerons qui forment de nouvelles vignes. J'ai parcouru journellement les vignes de la commune de Chissay pendant la quinzaine que j'y ai passée; j'ai causé avec les vignerons occupés de leurs vendanges, qui étaient très-abondantes; tous me faisaient l'éloge de l'invention du père Denys; ils me faisaient remarquer leurs vignes plantées en chintres, et celles dont ils avaient arraché les trois cinquièmes pour espacer convenablement les rangs; j'ai pu admirer la grande quantité de raisin dont elles étaient chargées; elles donnaient au moins le double de vin des autres vignes; la plupart paraissaient décidés à faire cette transformation. L'un d'eux, nommé Noque, m'a dit que sur trente-trois ares de terres qu'il avait plantés, il y a douze ans, à la mode du père Denys, il avait récolté quinze pièces de vin de deux cent cinquante litres chacune, tandis que ses anciennes vignes n'en avaient guères produit que moitié; il ajoutait qu'il achetait par an pour 300 fr. de fumier, pour augmenter celui qu'il faisait chez lui, avec un cheval et une vache; la litière de ses animaux, est en bruyère, mêlée d'ajoncs dont il achète pour 150 fr.; tout cela est mis dans ses vignes; depuis douze ans, lui et son frère, fument leur froment avec du guano; c'est une autre dépense de 300 fr. pour chacun, mais ils disent que le guano leur assure une belle récolte.

Ayant appris de plusieurs vignerons que le sieur Jules

Girard, gendre du père Denys, demeurant à Chissay, était un des meilleurs vignerons plantant en chintres, je suis allé le voir le 29 septembre au matin ; il m'a conduit sur le plateau où passe la route de Montrichard à Amboise ; ce plateau, depuis une vingtaine d'années, s'est couvert de vignes, dont une bonne partie est plantée en chintres ; en nous y rendant, maître Girard m'a dit que marié depuis vingt-et-un ans, il avait été assez bête, pour ne pas vouloir adopter de suite la culture de vignes, imaginée par son beau-père ; cependant cette méthode lui avait déjà bien réussi ; il n'a commencé à planter des chintres que depuis quinze ans ; il s'en est si bien trouvé qu'il a arraché depuis lors, trois rangs sur cinq de bons ceps ; les réservés se trouvent ainsi à quatre mètres de distance les uns des autres ; non seulement il a pratiqué ainsi dans ses anciennes vignes, mais encore dans toutes les vignes qu'il a achetées depuis ; un seul arpent de vignes récemment acheté, n'est pas encore mis en chintres ; ses vignes plantées en chintres depuis huit à quinze ans, lui ont produit cette année environ vingt-quatre pièces à l'arpent de soixante-six ares ; son beau-père et lui, ont commencé leur vendange le 7 septembre et ils ne finiront que demain 30.

Ils n'ont laissé cuver que quatre jours, au lieu de six ou huit, n'ayant pas assez de cuves ; ils auront, à eux deux, à peu près cent trente pièces ou trois cent vingt-cinq hectolitres de vin.

Maître Girard dit que la taille des vignes en chintres est si simple, qu'un homme qui n'aurait jamais taillé de vignes, et qui le suivrait une journée entière, lorsqu'il les taille, pourrait le faire fort bien ensuite. On doit laisser, disait-il, autant de verges que la force du cep peut en porter, depuis une dans le principe, jusqu'à quatre et cinq, vers douze ans de plantation ; on les allonge jusqu'à cinq mètres ; on leur laisse autant que possible, une branche à fruits à tous les dix-huit pouces ; on supprime tous les bourgeons inutiles avant que la sève ne monte ; lorsqu'une verge souffre, ou ne produit pas, on la supprime, et on la remplace par un sarment réservé pour cela. Le sol doit être labouré deux fois par an, la première, après la semaille d'automne ; la seconde lors de la floraison de la vigne ; on prétend que ce remuement est utile à la fructification, et contraire à la coulure ; on relève pour cela les sarments, qui après quinze ans de plantation, doivent couvrir les cinq mètres qui séparent les chintres, pour peu que la terre soit bonne. Le labour terminé au printemps, on pose les verges sur des bouts de bois choisis dans les fagots ; on les entaille au haut bout, s'ils ne forment pas la fourche ; cela les tient assez élevés au-dessus de terre, pour que les grappes ne se salissent pas.

J'ai demandé à maître Girard, combien lui coûtaient les vignes qu'il achète ; il m'a répondu que cela dépendait de l'état dans lequel elles se trouvent, ainsi que du moment ; elles montent jusqu'à 3,000 fr. l'arpent, après une abondante vendange bien vendue ; les terres susceptibles d'être plantées en vignes, c'est-à-dire celles qui ne sont pas à une mauvaise exposition ou dans un endroit humide, valent de 1,000 à 2,000 fr. les soixante-six ares ; il a ajouté que les bruyères, ayant un bon fond de terres, sont excellentes pour être plantées en vignes.

Nous avons été rejoindre le père Denys, qui était avec ses vendangeurs ; ils coupaient des grappes tellement mûres qu'elles s'égrenaient ; je lui ai demandé quel était le plus grand nombre de pièces de vin qu'un arpent de vignes plantées en chintres, lui ait jamais rapportées, il m'a répondu qu'un arpent ainsi planté depuis douze ans, lui avait donné une fois trente-deux pièces, et plusieurs années après une autre fois, trente-six pièces de vin.

Aux avantages que je viens d'énumérer, trente-six pièces de vin sur soixante-six ares font cinquante-quatre pièces sur un hectare, la pièce à deux cent cinquante litres, cela donne un produit de cent trente-cinq hecto-litres. Pour la culture des vignes en chintres, il faut ajouter que cette culture se fait à peu près à moitié frais de l'ancienne culture ; non-seulement parce que le labour remplace la culture à bras, mais aussi parce qu'on n'emploie point d'échalas ; ensuite elle évite le transport à dos de la vendange et du fumier, souvent à d'assez grandes distances, puisque les voitures peuvent circuler entre les chintres ; enfin elle exige infiniment moins de main d'œuvre ; elle facilitera énormément l'extension de la viticulture, extension qui se produit non seulement à Chissay, mais encore dans bon nombre de communes des environs.

Le surlendemain de mon arrivée à Chissay, le docteur Guyot qui se trouvait à Montrichard, est venu visiter les vignes en chintres sur le plateau dont j'ai fait mention ; le comte de Baillon, maire de Chissay, était absent ; j'étais souffrant, et à mon grand regret je n'ai pu assister à la tournée faite par le docteur.

Quelques jours après je suis allé chez M. de Ferrière au château de la Ménandière, situé sur la même commune. Depuis trois ans qu'il a hérité de cette terre, M. de Ferrière a planté vingt hectares de vignes en chintres séparées par six mètres ; il m'a fait part des détails de la visite du docteur Guyot qui a été enchanté des résultats de ce genre de viticulture. Je pense bien faire en copiant ici une partie de la lettre que le docteur Guyot a écrite à M. Barral, en date du 1ᵉʳ novembre 1865 ; elle se trouve dans le Journal pratique du 20 novembre 1865.

« M. Pécault, dit le Dʳ Jules Guyot, arboriculteur vigneron aussi habile que modeste, s'est constitué le moniteur et l'instructeur de la plus grande partie de la transformation des vignes en vignes types dans les environs de Tours ; toutefois, le jardinier chef de M. Hainguerlot, à son magnifique château de Villandry, celui de M. Bacot de Romans, à Vernon, M. Martineau, à Dierre, le chef vigneron de M. le marquis de Quinemont, au château de Paviers, ont réussi à merveille, aussi sur une très-grande échelle ; M. le comte de Naives, M. Galai, M. le duc de Luynes, M. le comte de Contades, M. Rouillé-Courbe, M. de Vonne, M. le marquis de la Ferté, et M. Drake de Castillo, ont aussi fait installer ou transformer leurs vignes à la méthode type, directement ou sous la direction de M. Pécault, qui a justifié et mérité la confiance de tous ; la colonie de Mettray a également dressé ses vignes à la branche à bois et à la branche à fruits, palissées horizontalement et pincées : toutes les espèces de la collection du Luxembourg y sont ainsi traitées, avec une grande perfection, par le jardinier chef, horticulteur très-remarquable.

« La récolte moyenne, la plus faible de toutes ces vignes, d'une superficie de plus de cent cinquante hectares, appartenant à divers, ne peut être estimée moins de soixante hectolitres, et j'en ai vu beaucoup, dit le docteur, devant dépasser quatre-vingts hectolitres à l'hectare. J'ai rencontré, continue-t-il, des vignes-types, mais moins parfaites, dans tous les départements de mes tournées de 1864 et dans ceux que j'ai visités en 1865 ; aujourd'hui, le succès en est si bien assuré et si bien reconnu partout, que je ne vous en parlerai plus. D'ailleurs nous avons bien d'autres prodiges viticoles; sans compter le système Cazenave et Marcon. J'ai été mis en présence d'une culture inventée par un paysan vigneron, connu sous le nom du père Denys, demeurant à Bône, commune de Chissay, près Montrichard (Loir-et-Cher); on appelle cette méthode cultiver la vigne en chintres, mot que je traduis : en chaînes traînantes. Jamais je n'ai rien vu de

plus merveilleux dans sa simplicité sauvage ; figurez-
vous chaque cep formé de trois à cinq bras, longs de
quatre à six mètres, traînant à peu près à terre, et chaque
bras portant trois et quatre branches à fruits, de un mètre cinquante centimètres à deux mètres et jusqu'à trois
mètres de long, chacune ; ces branches à fruits sont lais-
sées à peu près de toute leur longueur. Imaginez-vous
chacune de ces interminables branches à fruits, garnies
de magnifiques grappes d'un bout à l'autre, sans inter-
ruption et sans nuance, dans la perfection de la maturité ;
ces branches sont soulevées au-dessus de terre par de
petites fourches de vingt-cinq centimètres, pour que le
raisin ne pourrisse pas ; mêlez, par la pensée, des sarments immenses de remplacements, courant entre ces
guirlandes de fruits, et vous serez stupéfaits comme moi.
Mais quand vous apprendrez, comme je l'ai appris,
qu'après la chute des feuilles, ou avant la taille, tous
ces longs bras sont relevés et renversés sur la chintre
voisine pour laisser toute liberté à la charrue de
fonctionner sans embarras, puis remis en place après le
labour, vous admirerez la haute intelligence qui a deviné,
malgré les pratiques traditionnelles opposées, que la
vigne devait croître en liberté, et acquérir sa force et son
étendue arborescente, pour donner toujours de bons
fruits ; qu'elle devait toujours ramper sur terre pour perfectionner la maturité (les vins de Chissay sont les plus
estimés du Cher, ce sont des côts qui les produisent) ; et
que ces deux conditions, à cause de l'élasticité des membres de la vigne, pouvaient se concilier avec la nécessité
d'une culture parfaite, prompte et économique ; vous admirerez aussi ce brave père Denys, qui a compris qu'a-
vec ces longues branches à fruits, il échappait en grande
partie aux ravages des gelées printanières. Je serais bien
surpris que mon cher et savant confrère, le docteur Pi-
geaux, qui n'a pas craint de parcourir l'Inde et la Perse

pour en rapporter des graines, des arbres et même des vignes, n'allât pas contempler les vignes de Chissay, comme le plus beau spécimen et comme la plus belle démonstration qu'il ait jamais rencontré de ses théories, peut-être un peu exagérées, mais très-certainement bien fondées, sur la taille ou plutôt sur la non-taille des arbres fruitiers.

« En commençant, mon cher Directeur, je comptais vous écrire quatre lignes, et voilà quatre colonnes dépassées ; mais vous savez que vous pouvez faire ce que vous jugez convenable de mes produits d'abondance, coupez-les, distillez-les, ils ne peuvent qu'y gagner. Mais, je vous en prie, ne les plâtrez pas, ne les vinez pas, ne les chauffez pas. Il me semble que si j'étais plâtré, conservé dans l'alcool, ou cuit, je ne vaudrais plus rien du tout. »

M. de Ferrière étant occupé de ses vendanges, je suis allé chez M. l'Herrisier, petit propriétaire fort intelligent; il taille à merveille les espaliers qui couvrent les murs de sa jolie maison isolée, entourée de vignes et de fleurs.

M. l'Herrisier a essayé diverses manières de diriger et de tailler les chintres ; il croit en avoir trouvé une qui sera régulière ; cet habile horticulteur et viticulteur dit que la culture à la charrue remue mieux la terre qu'on ne le fait habituellement à la houe, et que les radicules de ceps, qui se trouvent près de la surface de la terre, périssant tous les ans, il pense qu'il n'y a pas grand inconvénient à labourer profondément l'entre-deux des lignes des ceps.

La vendange a été dispendieuse cette année ; on a payé les vendangeurs, hommes ou femmes, jusqu'à 2 fr. 50, tout en les nourrissant ; mais ce prix exagéré n'a pas duré longtemps, il est descendu à 1 fr. 50 et à 1 fr. et nourri. Les vignerons cultivant des vignes pour des propriétaires, ont toujours, pendant la vendange, 1 fr. 75 par jour et sont nourris.

Je suis allé déjeuner, le 21 septembre, au château d'Aiguevives, chez M. le comte de Marolles ; il cultive fort bien une réserve de vingt hectares, en terres légères, qui avant d'avoir été drainées, marnées et bien fumées, passaient pour valoir bien peu de chose ; il a de belles luzernes, des fourrages mélangés, d'automne et de printemps, du maïs fourrage et du maïs blanc des Pyrénées ; cette graine sert à engraisser des cochons anglais, de belles volailles croisées, de La Flèche et de brahma poutra et des canes ordinaires ou croisées par un mâle de Barbarie. M. de Marolles tient toute l'année une quinzaine de bêtes dans ses écuries ou ses étables ; il engraisse en outre pendant tout l'été, c'est-à-dire pendant cinq mois, huit vaches à l'étable, sans leur donner autre chose que du vert, passé par le hache-paille ; je suis persuadé que s'il ajoutait à cette nourriture deux kilos de tourteaux par tête et par jour, elles lui laisseraient un bénéfice brut de 100 fr. par tête, au lieu de 40 à 50 fr. qu'il m'a annoncés ; comme on renouvelle les vaches deux fois l'été, il a donc seize fois 50 fr. ou 800 fr. de bénéfice au lieu de 1,600 qu'il aurait ; si je dis vrai, le prix des mille six cents kilos de tourteaux eût été de $\frac{240 \text{ fr.}}{1360 \text{ fr.}}$; il aurait donc 560 fr. de bénéfice brut de plus et un fumier plus gras. Je l'ai engagé à remplacer son maïs fourrage semé avec du maïs des Pyrénées, par du maïs dent de cheval, qui fera plus que doubler le produit.

La terre d'Aiguevive a une étendue d'environ cinq cents hectares ; elle contient trois cents hectares de bois, dont les meilleurs sont aménagés à dix-huit ans ; la coupe produit en moyenne 500 fr. par hectare ; cela fait 28 fr. de revenu par hectare de bons bois de chênes. Le comte m'a dit que les bois qui avaient été abîmés par le bétail des fermes et dont il a rempli les clairières, en y semant de la graine de pins maritimes, sont coupés tous les neuf ans ; ils produisent plus, en deux coupes, que les bons bois dans le même espace de temps, en les exploitant lui-même lorsqu'il ne trouve pas à les vendre tous, en parcelles, aux vignerons des bords du Cher, dont il n'est éloigné que de six kilomètres. Il fait faucher trois ans après l'enlèvement du bois, les bruyères et ajoncs nains, qui ont repoussé dans cet intervalle de temps en profitant de l'air qu'ils ont eu ; cette opération occupe quelques ouvriers vétérans, logés sur la terre ; ils ont 5 centimes par tas fauchés, qui se vendent 10 fr. les cent tas, qui remplissent une petite voiture attelée d'un petit cheval de vigneron. Il a repris à ses fermiers leurs plus mauvaises terres pour les semer en pins maritimes ou des landes ; il faut pour semer un hectare un hectolitre de semence, qu'il paye à Bordeaux 36 fr. ; ces semis sont vendus, âgés de treize ans, par parcelles de six ares d'étendue, aussi aux vignerons, qui en font des échalas, des fagots et de la litière avec les brindilles : l'hectare de ces semis de pins produit jusqu'à 750 fr. ; on laboure, on sème du seigle qui donne une bonne récolte, et les jeunes pins qui ont été semés en même temps que le seigle, s'élèvent, abrités par le chaume, pour être vendus treize ans après. Les bruyères garnies d'ajoncs nains, qui restent au comte, lui produisent annuellement, suivant leur épaisseur, de 30 à 40 fr. par hectare ; c'est bien plus que ses bons bois.

M. de Marolles m'a dit qu'il venait de refuser 750,000 francs pour sa terre qui contient une jolie habitation ; cependant, elle ne produit que 15,000 fr. en moyenne.

Je suis allé, de Chissay, passer deux jours chez M. Faure, qui habite une jolie maison nommée le Mesnes, posée dans un joli coin de terre, près d'un ruisseau, à cent quatre-vingts mètres au-dessus du niveau de la mer ; M. Faure était fabricant de céruse à Lille ; M. son fils le remplace maintenant. M. Faure a commencé, il y a dix-huit ans, à former dans ces environs une terre qui maintenant dépasse deux mille hectares, dont la plus grande partie est de bonne nature.

On payait alors une couple de 100 fr. les terres éloignées de quelques kilomètres de la vallée du Cher ; les bruyères ne valaient que de 50 à 100 fr. l'hectare ; maintenant ce que M. Faure achète, touchant sa terre, du côté éloigné du Cher, se paie de 7 à 800 fr. ; il a payé, il y a deux ans 140,000 fr. une ferme de cent hectares, située sur les coteaux qui bordent la vallée du Cher ; les terres n'en sont pas bonnes ; mais il s'y trouve vingt-deux hectares de vignes nouvellement plantées pour la plupart ; le reste est en bois, et quelques hectares sont en prés. M. Faure y a mis, comme régisseur, un cultivateur des environs de Lille, M. Daveluy ; il lui avait loué, il y a dix-huit ou vingt ans, la terre des Hubeaudières, où M. Daveluy avait établi une ferme-école, que M. Nanquette, ancien régisseur de la ferme impériale de Vincennes, vient de reprendre. Il en est devenu fermier pour dix-huit ans, à raison de 7,000 fr. ; elle se compose de deux cents hectares de terres bien cultivées et fumées depuis longtemps, et quatre-vingts hectares de terres calcaires sans fonds, pleines de roches ; ces dernières ne sont jamais fumées ; on les laboure tous les trois ans pour y semer de l'orge d'hiver avec du sainfoin et du trèfle blanc, qu'on fauche une fois si cela en vaut la peine ; le reste sert de pâture au beau troupeau charmoise, que M. Daveluy y avait formé ; M. Nanquette a acheté une partie des brebis à raison de 46 fr. la pièce.

M. Daveluy a avec lui son fils, jeune homme d'une vingtaine d'années, qui se destine à la carrière agricole ; le père et le fils ne sont arrivés au Bas-Guéret, nom de cette ferme, qu'au mois d'avril dernier. M. Daveluy a trouvé les terres dans le plus mauvais état ; il a pu cependant nous faire voir deux très-beaux hectares de betteraves globes jaunes, fort bien sarclées ; elles ont été semées sur billons contenant une bonne fumure, avec deux cents kilos de guano par hectare ; pour pouvoir les débarrasser d'une immense quantité de mauvaises herbes, il a dû les cultiver souvent à la houe à cheval, deux fois les sarcler à la main, et les butter deux fois à la houe à cheval ; ses choux vache seraient bien venus, si l'extrême sécheresse n'en avait détruit beaucoup. M. Daveluy a fait une bonne récolte de haricots ; mais ce qui lui a rendu le plus grand service pour faire vivre son bétail, ce sont des semis successifs de maïs fourrage qui dureront encore pendant un mois ; il a un bon champ de pommes de terre chardon.

M. Faure fait venir chaque année, un élagueur des environs de Hazebrouck, ville du Nord, où l'élagage des arbres forestiers est très-bien entendu ; je l'ai engagé à faire enduire les blessures des arbres avec du goudron de gaz, qui empêche la pourriture d'attaquer le corps des arbres ; cet homme reçoit, ses voyages payés, et nourri, 2 fr. 25 cent. par jour. Cette immense terre que M. Faure a créée, est administrée depuis seize ans par M. Mirel, qui en a acheté les deux tiers au moins, pour le compte de M. Faure ; il habite la ferme de Cosson, une des plus centrales ; j'ai vu là un champ de choux de Poitou, de toute beauté, et qui fournira pendant long-temps le bétail de la ferme d'une excellente nourriture, une fois que le maïs fourrage sera consommé ; ses choux ont eu une fumure de vingt-cinq mille kilos, avec deux cents kilos de guano par hectare. Il existe sur cette propriété une très-grande étendue de bois, dont M. Mirel a semé ou planté au moins moitié ; il m'a dit que l'essence la plus productive était l'acacia ou robinier ; comme le sous-sol est imperméable sur ce plateau, on a planté les acacias sur une ligne, à deux mètres les uns des autres au milieu de planches très-bombées et larges de neuf pieds ; on les coupe tous les six ans, ce qui produit des touffes de taillis donnant des brins dont on fait des échalas ; les habitants des environs de Ville-en-Troie, commune située non loin de la ville de Selles-sur-Cher, viennent les acheter fort cher, par parcelles ; le produit annuel d'un hectare de ce genre de plantation va jusqu'à 50 ou 60 fr., quoique cette terre argilo-sablonneuse soit loin de convenir à l'acacia, aussi bien qu'un sable calcaire et sain.

Sur les terres plantées en taillis de châtaignier, on coupe tous les huit ans et le produit de la coupe sert à faire du cercle ; le produit est inférieur à celui des terres plantées en acacias.

M. Mirel sème ses plus mauvaises terres en pins maritimes, qu'il coupe avec plus d'avantage à huit ans, que plus tard ; il les défriche ensuite et prend deux récoltes de seigle, en semant quarante kilos de graines de pins, en même temps que le second seigle ; il achète cette graine au Mans et il la paye de 30 à 50 fr. les cent kilos.

Il y a sur la terre qui est partagée en métairies, cinq familles flamandes, dont deux récemment arrivées ; les trois premières arrivées, cultivent fort bien ; j'ai vu chez eux des choux branchus, des vesces d'hiver, des trèfles de Hollande, de l'incarnat hâtif, et du tardif, du ray-grass d'Italie, du maïs fourrage, du sarrazin, des betteraves, des pommes de terre. M. Mirel qui demeure à la ferme de Cosson et la cultive, m'a fait voir un beau champ de maïs fourrage, qui le conduira jusqu'au 15 octobre, des choux branchus de toute beauté, qui ont reçu à l'hectare, vingt-cinq mille kilos de fumier et deux cents kilos de guano.

Ce que je reproche à la culture de cette immense terre, et ce qu'on peut reprocher à presque toutes les cultures de France, c'est la trop petite quantité de fumier accordée aux terres ; pour l'employer, il faut d'abord en faire et beaucoup; pour y parvenir, il faut acheter du guano ou d'autres engrais dont le petit poids, permet de les faire venir de loin; tels sont le nitrate de soude, beaucoup employé dans la Grande-Bretagne, et que nous ne connaissons pas comme engrais en France; les os pulvérisés, les chiffons de laine, dont deux ou trois mille kilos par hectare produisent plusieurs fortes récoltes, et dont l'effet fertilisant se voit encore huit ans après leur application; les tourteaux de mauvais goût; la chair desséchée et pulvérisée, les déchets de filature de laine, etc.

On n'emploie pas non plus assez de chaux sur cette terre; il faudrait acheter une carrière de pierre calcaire sur les bords du Cher, y construire un grand four à chaux, et le chauffer avec du charbon de terre ou de l'anthracite, venu de Montluçon; cette chaux coûterait prise au four, au plus 60 centimes l'hectolitre, et son port par bateaux jusqu'aux routes qui conduisent sur le plateau, occupé par les deux mille hectares formant la terre de la Ronde, ne l'augmenterait assurément pas de plus de 25 cent.; mettons l'hectolitre de chaux à 1 fr., répandue sur la terre; cent hectolitres de chaux par hectare, et 100 fr. en guano, en sus des fumures pour froment, produiraient des récoltes de vingt-cinq à trente hectolitres, au lieu de récoltes de quinze à vingt hectolitres seulement; dix hectolitres de froment de plus, payeraient, en y comprenant l'augmentation de valeur de la paille, le guano, dont la durée est de deux ans; quant au chaulage, son effet s'étend au moins sur dix ans. Si l'on mettait sur chaque hectare semé en avoine, pour 50 fr. de guano, on en récolterait vingt hectolitres de plus, qui à 6 fr. l'hectolitre vaudraient 120 fr.

Deux cents kilos de guano, formant une dépense de 70 fr., mis sur chaque hectare semé en trèfle, ou en vesces, produiraient au moins quatre mille kilos de fourrages de plus, à 50 fr. les mille kilos, cela donnerait presque trois fois la dépense faite pour l'engrais ; en ajoutant à une fumure ordinaire de cinquante mille kilos pour betteraves, trois cents kilos de guano, la récolte serait de soixante mille kilos, au lieu de trente mille, à 10 fr. seulement, le prix des mille kilos, la valeur gagnée serait de 200 fr., en sus de la dépense en engrais. Si on m'objectait l'exagération du produit des récoltes, je dirais qu'en réduisant ces prétendues exagérations, l'augmentation des récoltes due à l'augmentation de l'engrais, le bénéfice dépassera toujours de beaucoup la dépense faite pour l'engrais.

Si j'étais le propriétaire de la terre de la Ronde, au lieu d'appliquer mes économies à l'agrandissement de cette propriété, je construirais de modestes métairies, auxquelles j'attacherais trente hectares , au lieu de soixante ou quatre-vingts, j'imiterais M. le marquis de Pierre, près de Lezoux, dans le Puy-de-Dôme, qui a dépensé 5,000 fr. pour chacune de ses quinze métairies, construites en pisé ; je fournirais le cheptel utile aux métayers, et comme M. Liazard près Grand-Jouan, l'a fait avec un succès si remarquable, j'attacherais à chaque métairie, un cheptel d'engrais de mille écus ; c'est-à-dire j'achèterais chaque année pour cette somme d'engrais, pour chaque métairie ; avant de partager les récoltes avec le métayer, je prélèverais une valeur de 3,000 fr. ; je pourrais ainsi continuer chaque année à acheter de nouveaux engrais, et chaque année, j'aurais d'excellentes récoltes à partager avec mes métayers ; je les prendrais pauvres, pourvu qu'ils fussent honnêtes, actifs, pas ivrognes, et ayant de nombreux enfants travaillant ; je les prendrais pauvres afin qu'ils fussent soumis, dans les commencements ; car une fois qu'ils auraient fait une ou deux belles récoltes, dont moitié serait à eux, leur confiance et par suite leur obéissance me serait acquise. Tout propriétaire fixé dans un pays où la culture n'est pas bonne, et qui n'aurait pas comme moi, visité trois fois les métayers de M. Liazard, ferait bien d'essayer sur une de ses métairies partagées en deux, la méthode de M. Liazard ; après douze années de cet arrangement avec huit métayers, auxquels sa culture de réserve donnait l'exemple, M. Liazard a vendu pour 470,000 fr. à un monsieur d'un département voisin du sien, trois cents hectares qu'il avait payés 150,000 fr., et dans lesquels il avait dépensé 50,000 fr. en améliorations ; ses métayers, de misérables qu'ils étaient, sont maintenant propriétaires de la moitié de leur bon cheptel, et ils sont bien meublés et bien outillés.

Après avoir essayé pendant une couple d'années sur un ou deux petits domaines, du cheptel à engrais, le propriétaire, s'il en est satisfait, et suivant son capital disponible, ferait bien de diminuer le plus tôt possible l'étendue de ses métairies ; car les métayers qui disposent de plus d'une trentaine d'hectares, en négligent assurément la culture, ils n'ont pas suffisamment de fumier, même pour donner des demi-fumures ; ils laissent en friches et en mauvaises pâtures une partie de leurs terres qui se garnissent de chardons et de chiendent ; les bestiaux y répandent leurs déjections en pure perte, au lieu d'être bien nourris à l'étable, et d'y faire beaucoup de bon fumier.

M. Mirel a une machine à battre et sa locomobile, avec laquelle il bat les récoltes des métayers ; on partage ensuite, cela empêche les abus de confiance et évite la tentation des détournements.

Il faudrait à M. Mirel un bon taureau durham, auquel toutes les vaches des métairies devraient être amenées.

Il n'a que des béliers croisés charmoise ; il devrait en avoir de purs ; il lui faudrait un ou deux verrats de race anglaise, et deux truies par métairie ; des pommes de terre, des betteraves et des feuilles de choux, les élèveraient et les mauvais grains les engraisseraient. Un bon étalon percheron, devrait exister dans la ferme qu'il cultive, une ou deux bonnes juments par domaine, entretiendraient au moins les attelages de la terre.

M. Faure m'a conduit dans une autre de ses propriétés voisine de la vallée du Cher; son étendue est de quatre-vingt-six hectares, dont vingt-cinq sont en vignes; il l'a payée 140,000 fr., il s'y trouve un peu de prés et de bois. Il y a mis un de ses amis et compatriotes, M. Daveluy, qui a été pendant vingt-cinq ans son fermier dans la terre des Hubaudières; M. Daveluy y avait monté la ferme-école du département d'Indre-et-Loire; son âge avancé l'a engagé à recéder cette ferme, dont l'étendue est de deux cents hectares de terres fort bien cultivées, et de quatre-vingts hectares de terres calcaires sans fond, remplis de roches; pour cette portion des plus difficiles à cultiver, il faut des bœufs patients, qui s'arrêtent lorsque l'araire s'accroche à une roche; ces terres n'ont jamais reçu de fumier, on y sème de l'orge d'hiver et du sainfoin qui est labouré après trois ans de semailles, pour renouveler ce même et pauvre assolement.

Le fermier actuel des Hubaudières, M. Nanquette, était sous-directeur de la ferme-école de Belle-Eau dont le propriétaire, le baron de Veauce, était le directeur; il avait quitté Belle-Eau, pour la régie de la ferme impériale de Vincennes, qu'il a quittée pour prendre la ferme-école des Hubaudières; il l'a louée pour dix-huit ans, à raison de 6,000 fr. pendant six ans, avec une augmentation de 1,000 fr. après chaque série de six années; en comptant 7,000 fr. comme prix moyen pour les dix-huit ans, et en négligeant les quatre-vingts hectares de pauvres sainfoins pour pâtures, le prix de l'hectare revient à 35 fr.

M. Daveluy avait créé un beau troupeau de deux cents brebis et leur suite, en donnant à des brebis du

Berry, des béliers charmoise ; ces brebis ont été en partie achetées par M. Nanquette, à raison de 40 fr. la pièce.

M. Daveluy n'est dans la ferme du Bas-Guéret que depuis huit mois, il y a trouvé tout dans le plus mauvais état ; il est parvenu à faire deux hectares de betteraves globes jaunes, des plus grosses et des plus nettes qu'on puisse voir ; il les a semées sur billon contenant une forte fumure et deux cents kilos de guano par hectare ; pour les tenir propres, il les a sarclées plusieurs fois à la main ; il a de beau maïs-fourrage qui entretient son bétail en bon état, des choux branchus bien venus, mais trop clairs, et des pommes de terre chardon, les haricots lui ont donné une récolte très-abondante ; j'ai admiré chez lui une grande bande de gros canards blancs, de race aylesbury, il les vend 5 fr. la paire ; son fils, tout jeune homme, veut aussi devenir cultivateur.

Nous sommes retournés à pied au Mêne, nom de la jolie petite maison de M. Faure, qui vient chaque année de Lille y passer deux mois, pour la chasse ; son élévation au-dessus de la mer, est de cent quatre-vingts mètres, ce qui n'empêche pas la culture de la vigne dans ses environs, et même sur des points encore plus élevés ; les terres y sont de bonne qualité, mais pleines de cailloux et de petits morceaux de grès ; elles ne produisent que huit à dix hectolitres de froment par hectare, entre les mains de misérables petits propriétaires, ou métayers, manquant de fumier ; ces terres doubleraient facilement leur produit, si on leur donnait de cent à cent cinquante kilos de guano, cet engrais coûterait 52 fr., huit ou dix hectolitres de froment à 15 fr., très-bas prix de l'époque vaudraient 120 ou 150 fr. Quel dommage qu'on ne cherche pas à faire voir cela à ces pauvres gens !

M. et Mme Faure m'ont conduit dans une ferme qu'ils viennent d'acheter à l'autre bout de leur propriété.

La ferme de Lasnière se compose de quatre-vingts hectares, dont six de prés, et seize de bons bois, le tout d'un seul morceau, qui entoure la ferme.

Ils viennent d'y installer une famille de fermiers, venus de Hazebrouck; un des deux frères de M. Vicart, qui sont curés, dans le département du Nord, était venu voir leur nouvelle habitation, à laquelle M. Faure ajoute quelques bâtiments. M. Vicart va être pendant les trois premières années, fermier à moitié, afin de savoir s'il doit prendre la ferme pour douze ans, aux conditions suivantes : quatre ans à 30 fr., quatre à 35 fr., et quatre à 40 fr. ; on lui fournit, pour le temps du métayage, un cheptel convenu. La ferme a coûté 84,000 fr., le paysan qui en était propriétaire, s'y était endetté, et vendait des chênes, pour vivre.

M. Faure est un excellent homme ; il accorde facilement à ses fermiers, leurs demandes, lorsqu'elles sont raisonnables ; il est très-bienfaisant ; en voici un exemple : En revenant le soir chez lui, nous vîmes près d'une petite ferme isolée plusieurs jeunes gens qui sont souvent occupés par lui ; il leur souhaita le bonsoir ; un d'eux, fort joli garçon, lui dit qu'il partait dimanche pour Brest, car il avait été désigné pour l'infanterie de marine ; en nous en allant, je dis à M. Faure combien il est fâcheux d'entrer dans cette arme ; le mauvais air de nos colonies enlève la plus grande partie des jeunes gens qu'on y envoie. M. Faure, en se levant le lendemain, fut trouver le fermier dont il connaissait la position embarrassée ; il lui proposa de lui acheter une vingtaine d'hectares lui appartenant, qu'il cultive en même temps que vingt autres hectares dont il est fermier ; le prix que M. Faure proposait de ses terres me parut très-raisonnable ; il devait servir à racheter de la conscription le fils du fermier et aussi à rembourser une dette de 6,000 fr., dont le fermier payait 5 p. 0|0.

M. Faure laissait à cet homme les terres qu'on lui cédait, et qui ne joignaient pas sa propriété, à 3 p. 0[0 du capital qu'il lui donnait, mais à condition que le jeune homme qu'on exemptait, entrerait au service d'un parent de M. Faure, fabricant de sucre et cultivateur dans le département du Nord ; c'était afin qu'il pût se perfectionner en agriculture ; la famille accepta avec reconnaissance cette proposition.

M. Mirel m'a dit que la manière d'ensemencer des terres en bois, qui lui réussissait le mieux, était la suivante :

Il emploie à cet ensemencement un hectolitre cinquante de glands, autant de châtaignes, trente litres de semence de pins maritimes, et cinq cents grammes de semence d'acacias ; je l'ai engagé à y mettre de la semence de pins laricios et de pins noirs d'Autriche, qui ont plus de valeur que les pins maritimes.

J'ai quitté M. Faure qui a été des plus obligeants, pour retourner à Chissay, d'où l'on allait partir pour les courses de Tours. Je me suis rendu de bonne heure à Pontlevoy. Le cocher de louage de Montrichard qui m'y a conduit, m'a dit qu'il passait deux nuits par semaine, à transporter à la station d'Amboise environ soixante-dix carcasses de moutons, qu'un boucher de Montrichard expédie à Paris.

J'ai fait une visite à M. Thauvin ; je venais de voir en suivant la route les grandes cultures de belles betteraves de Silésie et de globes jaunes, par moitié. Il trouve que ces dernières donnent moitié plus de poids que les silésie ; comme les globes jaunes n'ont guère qu'un pour cent d'alcool en moins, ils lui produisent par hectare plus de 3/6 et une plus grande quantité de pulpe. Chaque hectare a ainsi une plus grande valeur à porter à son compte ; M. Thauvin espère avoir une moyenne de quarante mille kilos de racines sur chacun de ses quarante hectares de betteraves ; elles ont reçu par hectare quarante mille kilos de fumier, et pour 80 fr. de guano du Pérou.

Tous les travaux manuels pour la culture des betteraves à partir de la plantation de la graine, par poquets, jusqu'à l'ensillage joignant la distillerie, se payent à la tâche ; mais j'en ai malheureusement oublié le prix. M. Thauvin fait quarante hectares en froment, qui reçoivent pour 50 fr. de guano par hectare ; cent kilos de guano lui coûtent, rendus chez lui, 34 fr. ; il est à vingt kilomètres de la station d'Onzin ; la moyenne de ses récoltes de froment ressort à trente hectolitres ; il a près de quarante hectares en fourrages, ne faisant d'avoine que pour la nourriture de ses quinze excellents chevaux percherons, qu'il achète jeunes et dont il ne conserve que les meilleurs ; il assure qu'en faisant ainsi il ne perd jamais sur ses chevaux.

J'ai engagé M. Thauvin à se procurer du froment Hallett, de chez M. Fiévet, à Many, près Douai, ainsi que du maïs dent de cheval pour fourrage ; les tiges de ce maïs à larges feuilles ont jusqu'à quatre mètres de hauteur ; on trouve la semence chez Vilmorin à Paris. J'ai donné ce conseil aux diverses personnes que j'ai visitées.

Je me suis rendu ensuite chez M. Poulain, fermier, payant 6,000 fr. aux propriétaires du château des Bordes ; il était absent. On m'a fait voir un jeune taureau, qu'il avait acheté chez M. Salvat, dix-huit mois auparavant, au prix de 100 fr. à l'âge d'un mois, parce qu'il était jumeau d'un autre veau mâle ; j'avais appris que ce bel animal, avait remporté au concours régional du Mans, un premier prix de 600 fr. J'ai vu des béliers et des brebis de race charmoise, qu'on prépare pour les concours de l'année prochaine ; j'ai admiré de très-beaux champs de betteraves, et de très-belles luzernes ; je ne conçois pas qu'un fermier si remarquable et dont le loyer est si important, soit si mal logé.

En passant dans la commune de Thenay, pour me rendre chez ma belle-sœur, au château de la Basme, j'ai admiré un beau champ contenant de belles betteraves et de belles carottes ; il est à un sieur Chaumet, ancien fermier d'une de mes nièces, la comtesse de Cornulier.

Je suis heureux, toutes les fois que je vois de belles récoltes sarclées chez des cultivateurs de ce pays.

Etant arrivé chez ma belle-sœur, la comtesse de Gourcy, son gendre le baron de Romance, m'a conduit dans une ferme de soixante-quinze hectares, qu'il fait cultiver à moitié, par le sieur Joseph Salmain ; c'est le fils d'une famille belge, que j'avais fait venir dans ce pays, il y a quarante ans ; j'ai vu avec plaisir son troupeau de cent trente-deux têtes, dont les agneaux proviennent d'un bélier croisé southdown et mérinos, qui pesait quatre-vingt-quinze kilogrammes, et a été acheté 60 francs ; cette année, il a acheté un jeune bélier croisé shropshire et brebis croisée southdown ; il l'a payé 46 francs, chez M. Allibert, au château de Montchenin, près Cormery et Tours.

Salmain vient d'acheter un joli veau venant d'un taureau durham et d'une jolie génisse ; le boucher allait l'enlever ; il ne l'a payé que 41 francs ; mais la femme de Salmain, mécontente de devoir donner du lait à ce veau, le lui épargne tellement, qu'il n'a que la peau sur les os ; les quatre-vingt-un agneaux provenant du bélier anglo-mérinos, sont bons et lui feront de bonnes brebis pour l'an prochain ; cette année où le fourrage est rare, à cause de l'extrême sécheresse, Salmain ne conserve que cinquante brebis solognotes ; il aura donc moins d'agneaux en 1866, ce qui ne serait pas arrivé, s'il avait donné aux luzernes en terres peu fertiles, deux à trois cents kilogrammes de guano par hectare ; c'est

ainsi que fait M. Decauville un des meilleurs fermiers
des environs de Paris, sur ses luzernes en terre fertile.
Le cheptel de Salmain est aussi beaucoup trop faible
pour soixante-quinze hectares ; il n'a que cinq chevaux ;
il en faudrait au moins deux de plus, un pour dix hectares ; il n'a que quinze vaches ou bêtes adultes, l'équivalent de dix bêtes, en bêtes à laine, et tout cela d'un
petit poids, au lieu de peser cinq cents kilogrammes par
tête ; il en faudrait plus du double pour être passable-
ment.

Ce qui manque le plus, dans les fermes de ce pays,
c'est le fourrage, pour bien nourrir, suffisamment de
bêtes, suivant l'étendue de la ferme ; on peut en augmenter le produit pour l'année suivante, en achetant du
guano ; mais en France, on craint de dépenser de l'argent pour améliorer la culture ; on pense généralement,
que l'argent mis en terre est perdu ; on cultive donc su-
perficiellemeut la terre ; on y répand mal tout au
plus le tiers de l'engrais nécessaire pour pouvoir obtenir
une bonne récolte ; ensuite on se frotte les mains ; car
on n'a pas suivi les conseils de ceux qui vous engageaient
à faire venir des engrais pulvérulents, pour suppléer à
ceux qui vous manquent ; mais aussi on a de pauvres
récoltes ; il est vrai qu'on y est habitué, enfin on se con-
sole, eu pensant qu'on a évité de sortir de l'argent de sa
poche, c'est la chose la plus difficile, lorsqu'il ne s'agit
pas de luxe ou de plaisir.

Salmain a récolté sur un hectare de ses meilleures
terres, quarante-trois hectares de froment Hallett. Il a
récolté des lupins blancs et des lupins jaunes, qui ne
sont pas encore battus ; il compte les semer l'année prochaine. Après l'enlèvement des fourrages semés avant
l'hiver, les lupins blancs sont destinés à être enterrés en
vert, en guise de fumure, ce qui, pour peu que la sé-

cheresse ne les ait pas empêchés de prospérer, remplacera une trentaine de mètres cubes de fumier ; les lupins à fleurs jaunes font une excellente et très-abondante nourriture, pour toute espèce de bétail ; cependant les animaux ont quelque peine à en manger à cause de son amertume ; c'est en hiver qu'il faut chercher à les y accoutumer ; on leur donne ce fourrage aspergé avec de l'eau salée ; les lupins jaunes ont en outre le grand mérite, d'empêcher les bêtes à laine de prendre la cachexie aqueuse, qui très-souvent détruit, en tout ou en partie, les troupeaux ; leur seul inconvénient est de ne pas venir en terre calcaire, ou récemment chaulée.

Salmain a un magnifique champ de betteraves et de carottes, qu'il a semées d'après mon conseil ensemble sur les mêmes billons ; ce genre de semis de plantes diverses mélangées, produit infiniment plus ; car deux plantes différentes, ne se nuisent pas à beaucoup près, autant que si elles étaient de la même famille.

M. de Romance a planté ce printemps soixante ares en vignes blanches ; mais à mon grand regret, il ne l'a pas fait suivant la méthode du père Denys de Bône près Montrichard. Les environs de la Basme sont abîmés par l'alucite, petit papillon qui dépose ses œufs sur les épis du froment encore dans le champ ; personne dans ces environs, n'a pris le seul moyen préventif connu, contre cet immense mal, on peut dire ce fléau ; c'est de faire battre tout son froment, dans les deux premiers mois après la moisson ; c'est ainsi que cela se pratique dans une partie du département du Cher et de celui de Loir-et-Cher, du côté de Vierzon, Lignières, St-Amand et Bourges, qui sont maintenant garnis de machines à battre, mues par des locomobiles à vapeur ; elles battent par jour de cent à cent cinquante hectolitres de froment, suivant la longueur de la paille, et la perfection de la machine ; plusieurs entrepreneurs de battage de ce pays, ont fait venir des batteuses anglaises qui rendent le froment complétement net.

M. Salmon fermier beauceron des environs de Blois, a loué il y a quelques années, la ferme de Montibert près du château de ma belle-sœur ; il paie 50 francs de loyer, par hectare ; il vient de louer une machine à battre avec sa locomobile, de M. Mirel ; mais je crains qu'il ne soit trop tard ; il en paye 35 francs de location par vingt-quatre heures.

M. Salmon m'a dit qu'il avait été obligé d'aller louer des domestiques dans son pays, ceux de ses environs n'ayant pas voulu se soumettre aux habitudes et aux exigences des fermiers de la Beauce ; il en a trois, dont le premier gagne 470 francs, le second 400, et le troisième 380 ; ce sont des gages bien plus élevés, que ceux en usage dans ces environs ; mais les laboureurs de la Beauce, travaillent non-seulement bien mieux leurs terres, mais ils emploient au moins deux heures de plus par jour, à leur besogne.

M. Salmon m'a dit avoir récolté cette année, vingt-deux hectolitres de froment par hectare ; mais il reconnaît qu'il est loin de pouvoir encore fumer suffisamment ses terres, quoiqu'elles le soient plus fortement que celles des fermes voisines ; il m'a dit qu'il avait récolté jusqu'à trente-cinq hectolitres par hectare, sur ses meilleures terres. Je l'ai engagé à acheter un veau durham chez M. Salvat ; il le paiera 200 francs, âgé de deux mois ; je lui ai aussi conseillé d'avoir des brebis, au lieu de moutons solognots et de leur donner des béliers anglais ; M. Salmon a eu l'air d'approuver ces idées. Il n'a que six chevaux pour une culture de quatre-vingt-cinq hectares ; sa vacherie est assez belle ; elle est garnie de vaches normandes de la moyenne espèce ; il m'a prié de l'aider à se procurer un vacher suisse ; il consent à le payer 400 francs, le voyage compris. Je suis allé voir le frère aîné de Joseph Salmain, qui avait été vingt-cinq ans, métayer à la ferme de Montibert dont je viens de parler ; il en est sorti, il y a trois ans, pour acheter la ferme du Gros-Chêne, qu'il a payée 80,000 francs : elle est assez bien bâtie et Salmain vient d'y ajouter une grange ; cette ferme est d'environ cent hectares ; il s'y trouve une assez grande étendue de bonnes terres noires argileuses, mais qui ont absolument besoin d'être drainées ; d'autres, sont de bonnes terres à froment ; il y a vingt-cinq hectares de bons bois de chêne ; trente hectares de terres fort sablonneuses avaient été semés en pins qui ont été vendus ; ces trente hectares ont été défrichés nouvellement, ainsi que plusieurs hectares de pâtureaux ; ces derniers sont couverts de quelques hectares de très-beaux globes jaunes, de carottes, et de navets ; il a de bons trèfles vieux et d'autres de l'année, de la lupuline, et de la luzerne de cette année ; il ne sèmera cet automne que vingt hectares de grains d'hiver, afin de pouvoir les mieux fumer ; sa récolte de froment de cette année ayant été fort mal fumée, lui a cependant donné vingt hectolitres.

Mme Salmain qui est des plus actives et intelligente dans la conduite de sa maison et de sa basse-cour, vient de vendre cinq douzaines d'oies, qu'elle avait achetées pour glaner, elle ne les a plumées qu'une fois, afin de pouvoir les vendre en bon état et de bonne heure ; elle a gagné 1 franc par tête, et 50 centimes pour la plume, cela fait 90 francs de bénéfice.

J'étais arrivé chez ces braves gens quelque temps après leur dîner ; à une heure, toute la famille s'est rendue dans le champ de grains d'hiver, qu'on était en train d'ensemencer ; seule la fille qu'ils ont, avec sa cousine, enfant de treize ans adoptée par Salmain, et la servante, se sont mises à épandre le fumier ; elles le faisaient, contre l'usage du pays, très-soigneusement : le père est venu de Belgique n'ayant que treize ans et son vieux père est mort peu d'années après ; Salmain, par suite, a pris quelques usages de la culture de ce pays, entr'autres, il fait le blé en planches larges seulement d'un mètre. Il semait le grain sur la terre labourée à plat et sur laquelle le fumier venait d'être étendu : le fils aîné âgé de vingt-quatre ans, conduisait une charrue attelée de deux chevaux, il faisait deux tours de charrue, la mère semait un peu de grains entre deux planches, où restait une tranche de terre à refendre, ce que fit un autre fils conduisant un bineau attelé d'un cheval, enfin le troisième fils traçait avec une charrue à deux chevaux les raies d'écoulement ; la famille entière emblave ainsi, deux hectares par jour.

C'est un exemple des plus remarquables d'ordre, d'activité, d'intelligence, et d'économie, que Zénon Salmain n'ayant rien que les quelques mille francs formant la dot de sa femme, ait pu avec son aide, former en vingt-cinq ans, à partir de son mariage, un capital suffisant pour acquérir une ferme du prix de 80,000 fr., de cette somme il faut déduire 10,000 fr., que sa femme a reçue à divers époques, et 18,000 fr. qu'il doit encore sur le principal. Ces braves gens sont donc parvenus à gagner 55,000 fr., en comptant les 3,000 fr., prix de la grange neuve, qu'ils ont construite ; il ont en outre élevé quatre bons et beaux enfants, qui n'ont pas voulu quitter leurs parents, comme le font tant d'autres, lorsqu'ils sont arrivés à l'âge où ils peuvent gagner leur vie.

J'avais conseillé à Salmain, lorsqu'il est entré en possession du Gros-Chêne, de rester débiteur de 15 ou 20,000 fr. sur son acquisition, afin d'être en mesure de faire face aux dépenses, suite de sa nouvelle position, en arrivant dans une ferme dont les terres étaient usées, la cour sans fourrage, ni paille, ni fumier, ne contenant qu'un cheptel insuffisant; il lui fallait acheter de l'engrais. Ils étaient si pressés de s'acquitter, qu'ils n'ont pas suivi mon conseil et qu'ils ont dû laisser en friche une bonne partie de leurs terres, tout en ne fumant qu'à moitié, celles qu'ils emblavaient; Salmain a été obligé d'attendre cette année la vente de ses moutons, afin de pouvoir acheter ses brebis solognotes qu'il a dû prendre pleines; il aura donc l'année prochaine, des agneaux solognots, au lieu d'agneaux dont le père eût été le fils d'un beau shropshire, pesant quatre-vingt-cinq kilos, donnant sept kilos de laine, ayant coûté 300 fr., et la mère, une brebis croisée southdown, pesant quarante-cinq kilos; ce sera une véritable perte pour Zénon Salmain, ses récoltes de céréales auraient été faites sur une plus grande étendue et auraient produit beaucoup plus, s'il avait acheté pour une couple de mille francs d'engrais, au lieu de n'y mettre qu'une somme de 300 fr., ce qui ne forme qu'un essai.

Je suis allé, le 8 octobre, de la Basme, faire une visite à M. Alphonse Salvat, au château de Nozien, à huit kilomètres de Blois, et à deux kilomètres de la station de Ménars; il a comme d'habitude, de fort belles récoltes en tous genres, sur les trente hectares qu'il cultive à merveille, on peut le dire sans flatterie, il leur fait produire à presque tous, deux récoltes dans l'année.

M. Salvat élève en pépinière du replant de betteraves qui sont bonnes à repiquer, c'est-à-dire grosses comme le petit doigt au moins, au moment où le trèfle incarnat est enlevé; le champ est fumé à soixante-dix mille kilos, et après avoir reçu encore deux à trois cents kilos de guano par hectare, il les plante à une distance de soixante-dix centimètres entre les lignes, et à celle de cinquante centimètres dans la ligne. Ces betteraves produisent, ainsi traitées, de soixante à soixante-dix mille

kilos par hectare ; il fait la même opération, après des
vesces d'hiver, pour planter des choux quintal ; mais la
fumure pour ceux-ci, est de cent mille kilos et de trois
cents kilos de guano ; en outre, chaque plant doit jouir,
à lui seul d'un mètre carré. Ces choux sont vendus à la
personne qui fournit les troupes en garnison à Blois, de
légumes, et sont payés 16 fr. le cent ; M. Salvat prévoit
que le quart des plants ne viendra pas assez bien, pour
pouvoir être reçu ; les sept mille cinq cents choux produiront la somme de 1,200 fr., qui forme un assez joli
produit brut, sans compter les deux mille cinq cents
choux rebutés, qui profiteront à ses vaches. Il repique
des rutabagas, après que la récolte de froment est enle-
vée, ils produisent ordinairement de vingt-cinq à trente
mille kilos, pour peu qu'il pleuve à propos ; il en est de
même pour les navets semés en même temps et dans la
même position ; il fait aussi du sarrasin, de la moutarde
blanche pour fourrage vert, après les céréales, et du
maïs fourrage après des vesces d'hiver, enfin des fourrages mélangés, après des pommes de terre hâtives.

M. Salvat a déjà planté plusieurs hectares de vignes
à la méthode du docteur Guyot, qui est venu le voir cette
automne ; celui-ci lui a montré une nouvelle manière de
tailler la vigne, en laissant à chaque cep deux branches
à fruit, dirigées l'une à droite, l'autre à gauche, le long
des fils de fer. Le docteur lui a paru émerveillé de la
culture des vignes en chintres, qu'il venait de voir à
Chissay, méthode inventée par le père Denys de Bône,
même commune, située près Montrichard. Le docteur
avait vu quelque chose d'à peu près semblable, en Corse,
il a ajouté qu'il en parlerait en détail, dans le compte-
rendu de son voyage de cette année ; M. Salvat a accompagné le docteur dans ses visites dans plusieurs communes de ses environs, qui cultivent fort bien leurs
vignes, entr'autres dans celle de Montlivaux, où s'est

formée une société de vignerons, qui se réunissent souvent, pour discuter les méthodes perfectionnées de viticulture.

M. Salvat m'a fait voir ses vignes conduites à la Guyot; quoique fort jeunes encore, elles étaient couvertes de raisins; il compte en planter d'autres de la même manière, tant il en est content.

M. Salvat a fini par me conduire dans sa magnifique vacherie, où se trouvent douze vaches, les plus belles que j'aie vues dans mes nombreuses visites, faites à des éleveurs de courtes-cornes de pure race en France, il a trente et quelques durham, les veaux compris, dont trois taureaux qu'il pourrait céder, l'un venu d'Angleterre il y a trois ans pour 1,500 fr., un autre de trente mois, pour 1,200 fr.; et le dernier de dix-huit mois, pour 800 fr., il cède les veaux mâles de six semaines, à 200 fr., mais il faut s'inscrire d'avance pour en avoir; il m'a dit avoir déjà sept demandes.

Un jeune bœuf et une vache sont préparés pour le concours général de Poissy, en mars prochain; j'ai vu aussi deux bouvillons et deux veaux castrés, qu'on destine au concours de mars 1867. M. Salvat ayant récolté beaucoup de fourrage, cette année, il engraisse pour son boucher, quatre bœufs, dont deux charolais. Ces derniers sont destinés pour le carnaval de Blois; son arrangement pour le payement de leur nourriture, est celui-ci; on pèse les bœufs à leur arrivée, et lorsqu'on les emmène, et le boucher paye 1 fr. 50 cent. pour chaque kilo de l'augmentation de poids; leur nourriture actuelle se compose de feuilles de choux, de luzerne et d'une botte de foin; comme ce nombreux bétail est nourri au vert, et ne sort pas des étables, il lui faut beaucoup de litière; M. Salvat l'achète dans la forêt de Chambord dont il n'est qu'à six kilomètres, mais aussi il fait une grande masse de fumier. Il n'a que trois percherons pour sa culture de trente hectares, mais qui en majeure partie produisent deux récoltes dans l'année, et quatre chevaux de luxe.

M. Salvat vient d'obtenir la croix de la Légion d'honneur, comme cultivateur ; il l'a on ne peut mieux méritée.

Je suis allé le 14 octobre avec mes trois neveux, à la Quézardière, près la ville de Saint-Aignan, chez mon bon ami et compatriote, M. Duquesnois ; après avoir présenté nos respects à Madame, Monsieur nous a conduits dans des vignes plantées à partir du commencement de mars 1862, de la manière suivante : il a fait creuser alors un sillon par deux charrues qui se suivaient, et un autre sillon pareil à deux mètres de l'autre ; après les avoir refermés, aussi à la charrue, il a fait planter des boutures de sarment de côt, à tous les deux mètres, en ne les enfonçant que de vingt centimètres, cela en suivant les deux lignes ; il a recommencé la même opération à onze mètres de là ; mais il y a planté des boutures de carmenet sauvignon, excellent cépage rouge du Bordelais ; une troisième double ligne séparée de la précédente aussi par onze mètres, a été plantée en picpouille, cépage blanc très-productif, un quatrième double rang a été planté en boutures de teinturier ou gros noir, très-peu estimé.

Il a continué le même genre de plantation, sur quelques hectares, pendant les deux années qui suivirent ; mais en ne plantant plus que du côt et du carmenet.

M. Duquesnois s'était procuré les boutures du carmenet et du picpouille chez M. de St-Lary, propriétaire des bords de la Garonne, qui avait acheté trois cents hectares de terres calcaires, au Valet, près de Levroux, Indre ; qui avait commencé, il y a vingt ans, à planter les moins bonnes de ces terres en vignes, dont les lignes étaient séparées par un intervalle de deux mètres, ce qui permet d'en faire la culture à la charrue ; M. de St-Lary a planté ainsi cent quarante-cinq hectares, il comptait en planter cent cinquante, mais la mort l'en a empêché.

M. Duquesnois nous a dit que la double ligne de ceps nommés carmenet-sauvignon, couvrant cinq cents mètres carrés de terre, ce qui forme la vingtième partie d'un hectare, avaient produit à sa quatrième feuille, ou après trois ans et demi de plantation, deux pièces ou cinq cents litres de vin ; la même étendue plantée en côt, a produit un peu moins ; le picpouille ou vin blanc n'a donné que trois cent soixante-quinze litres ; quant au gros noir planté au même moment, il n'a rien produit encore. Les deux hectares cinquante ares de terre que M. Duquesnois a déjà plantés, laissent les deux tiers de cette étendue, disposés pour recevoir les plantes de la culture ordinaire ; le froment blanc à courts épis carrés, lui a donné cette année trente-quatre hectolitres entre les doubles rangées de ceps, et il dit qu'habituellement, il produit davantage ; le froment rouge, aussi à épis courts et carrés, ne lui a donné que trente-et-un hecto-litres.

M. Duquesnois s'est assuré depuis quelques années du sang et des débris provenant de l'abattoir de la ville de Saint-Aignan ; il paye le premier 3 fr. les deux cent cinquante litres, il estime les ordures, ou débris dudit abattoir, ne produire que moitié des bons effets du sang ; il forme avec cela, des composts. Lorsqu'il ajoute cent kilos de phosphate fossile, à deux cent cinquante litres de sang, il mélange cela avec un mètre de terre, ce mé-lange reste trois mois en tas et est retranché une fois, avant d'être répandu sur la terre ; M. Duquesnois pense que cinq mètres de ce mélange, remplacent bien une fumure de cinquante mètres de fumier ordinaire. Lors-qu'il ne met point de phosphate fossile avec le sang, il remplace le mètre de terre par deux mètres cubes de dé-

bris des pierres de taille de ce pays, formées d'un tuf
calcaire, ce qui est une espèce de marne ; dans ce cas, il
met dix à douze tombereaux de compost par hectare, ce
qui lui assure de fort bonnes récoltes.

Pour éviter aux ouvriers la très-mauvaise odeur dont
ils souffraient en formant les composts, M. Duquesnois,
fait dissoudre cent kilos de sulfate de fer, ou vitriol vert,
dans deux cent cinquante litres d'eau ; cinq ou six litres
de cette dissolution, mis par deux cent cinquante litres
de sang, et le double, pour les débris d'abattoir, désin-
fectent assez ces matières, pour que les ouvriers n'aient
plus de répugnance à s'occuper des composts.

Depuis que M. Duquesnois a pu se procurer ce sang
si fertilisant, il donne à peu près, à tous ses champs qui
n'ont pas reçu la fumure de cinquante mètres par hectare, une demi-fumure de compost, ce qui lui assure
d'excellentes récoltes en tous genres.

M. Duquesnois a planté il y a vingt-cinq ans, de mauvaises terres en acacias, et d'autres en châtaigniers ; les
premiers se coupent tous les cinq ans et forment d'excellents échalas ; les châtaigniers se coupent tous les sept
ans ; l'hectare de ces taillis produit, s'il est bien garni,
de 4 à 500 fr. à chaque coupe, aussi, remplace-t-il les
pins qu'il avait semés anciennement, par des acacias et
des châtaigniers.

J'ai couché chez M. Duquesnois, mes neveux étant
retournés chez eux, et je me suis rendu le lendemain, à
Romorantin et le surlendemain au château de Montgiron,
chez Madame la comtesse d'Espinay Saint-Luc ; j'y
ai trouvé ses cinq fils et ses quatre belles-filles réunis ;
l'aîné de ces messieurs, M. Timoléon, est veuf ; il m'a
conduit après déjeuner, dans une métairie, qui était
louée 800 francs, il y a une couple d'années ; le fermier,
homme de bon sens, a vu qu'un autre métayer du
comte, avait plus que doublé son bétail et le produit de

ses récoltes, depuis qu'il était devenu métayer ; M. Timoléon avait fourni la marne que le métayer avait conduite, ensuite le propriétaire avait avancé des engrais, dont le colon remboursait moitié ; le cheptel avait pu être augmenté ; le trèfle venu sur les terres marnées, les vesces, les betteraves, les pommes de terre, les navets, venus au moyen de guano acheté, avaient plus que triplé la nourriture du bétail ; ce fermier intelligent a prié le comte de le mettre à moitié, au lieu de lui payer son fermage de 800 francs, cela lui a été accordé, mais à condition qu'il suivrait tous les ordres du comte, faute de quoi il serait renvoyé à la Saint-Martin. On a marné depuis lors dans la ferme devenue métairie, quarante-huit hectares, à raison de trente mètres cubes par hectare ; on y a établi un assolement de six ans que voici : première sole, racines, ou fourrages, ou sarrasin ; deuxième sole, froment ; troisième sole, trèfle ; quatrième sole, avoine ; cinquième et sixième soles, un mélange de trèfle blanc, lupuline, ray-grass et thymothi, qu'on fauche la première année, et qui se pâture ensuite.

M. Timoléon fait défricher tous les ans des bruyères, en hiver ; la première année, on leur donne six cents kilos de phosphate fossile, qu'on paye 7 francs le cent ; cette dose est diminuée chaque année de cent kilogrammes, jusqu'à la quatrième année ; on fait ainsi produire à ces bruyères défrichées, quatre récoltes dont une d'avoine d'hiver, une de seigle, la troisième de colza en graine et la quatrième en colza pâturé, lequel provient du colza égrainé, sur lequel on fait semer en même temps que les trois cents kilogrammes de phosphate, du sarrasin et du millet ; on fait passer sur les pieds du colza qui a été enlevé, deux coups de scarificateur en long et en large ; on herse et on fait enlever les pieds de colza, par les enfants des journaliers qu'on emploie ; ces racines après avoir été desséchées, servent à chauffer les chaumières. Les dix-huit cents kilogrammes de phosphate, au moyen desquels ces quatre récoltes sont venues, n'ont coûté que 126 francs, en ne comptant pas le port, depuis la station du chemin de fer, ensuite après avoir marné et fumé la dite bruyère défrichée, on y fait venir du froment ; cette métairie produit déjà pour la moitié du comte 1500 francs au lieu de 800 francs.

Ce qui manque à cette ferme, c'est un jeune taureau croisé durham prêt à servir, qu'on payerait de 3 à 400 fr., et un bélier croisé shropshire ou southdown, qu'on aurait pour 50 fr.

Si le comte voulait acheter du guano, pour ajouter à ses fumures, cent cinquante kilos par hectare, avec vingt hectolitres de chaux, à chaque emblave de grains d'hiver, et cent kilos de guano, sur chaque hectare d'autres récoltes, il ferait plus que doubler le revenu de ses fermes, après être rentré dans l'avance de l'engrais.

M. Timoléon ayant été content de son nouveau métayer, lui a fait construire une maison convenable, et une bergerie pour deux cents bêtes ; il a transformé l'ancienne maison en étable, qui avait besoin d'être augmentée, ainsi que l'écurie où se trouvent quatre chevaux et une couple de poulains.

Le comte a transformé des pâtureaux attachés à ses fermes, qui étaient bien garnis de bois, en taillis devenus de bons bois, qu'il s'est réservés, il a planté dans chaque métairie soixante ares de vignes, qui contribuent à préserver les familles des métayers de la fièvre tierce ; il a desséché des étangs et des petits marais, dont il a fait de bons prés.

M. Timoléon a acheté, il y a plusieurs années, une propriété de quatre cents hectares, pour 145,000 fr., il y a pris pour 24,000 fr. de bois, mais il a eu à dépenser

14,000 fr. en augmentation et en réparations de bâtiments.

Il fait valoir par domestiques, une de ses fermes, qui est entourée de beaux arbres, de prés, et de jolis petits bois ; il y a trouvé une petite maison bourgeoise, qu'il a suffisamment arrangée, pour pouvoir y coucher, dans les moments où il y emploie un certain nombre d'ouvriers ; il pense y construire plus tard, un cottage qu'il habitera dans ses vieux jours ; comme il a besoin d'occupations et qu'il aime beaucoup l'agriculture, il vient tous les jours à sa ferme, dont la culture, datant de quelques années, lui donne déjà un produit net d'une couple de mille francs.

Le ménage qui dirige la culture en son absence, est nourri avec ses deux jeunes enfants, et a 400 fr. de gages, le charretier a 300 fr., la bergère 150 fr., et la vachère 120 fr., il y a un ménage dans une locature, qui est chargé de la culture de trois hectares de vignes plantées en auvernat meunier rouge, qui lui a donné l'an dernier, trente-cinq pièces de bon vin ordinaire ; je l'ai engagé à planter de la vigne en chintres ; il m'a dit être décidé à essayer ce mode de viticulture, en arrachant un certain nombre de rangs de ceps, pour pouvoir labourer ses vignes, au lieu de les piocher, ce qui diminuera de beaucoup la dépense de leur culture.

Le comte a payé 1,500 fr. un morceau de terre de quinze ares, contenant une bonne marnière, située auprès de Romorantin, à huit kilomètres de sa propriété. Chacune de ses fermes a quatre bons chevaux, employés le plus possible à amener de la marne, qui met les terres de Sologne en état de porter du froment et des fourrages de légumineuses ; sans marne ou chaux, il est impossible d'améliorer la culture d'un pays.

Une autre grande amélioration, pour les terres de la Sologne, une fois qu'elles sont drainées, c'est le défoncement avec la charrue Vallerand, qui ramène l'argile du sous-sol à la surface. On opère à l'entrée de l'hiver ce labour qui peut ramener l'argile d'environ cinquante centimètres de profondeur, et on le continue aussi long-temps que le temps le permet ; les gelées pulvérisent l'argile, que de vigoureux coups de scarificateur ou hersages mélangent au sable en lui donnant ainsi la consistance qui lui manque ; le calcaire et l'engrais en font ensuite une terre très-productive. La charrue à vapeur de Fowler d'honorable mémoire, ferait encore bien mieux que celle de Vallerand, car elle ramène le sous-sol d'une profondeur de soixante centimètres, tout en faisant cet ouvrage à moitié prix de celui exécuté par des attelages vivants.

M. Timoléon m'a conduit, de sa propriété, à Saint-Hubert, grande ferme que mon neveu, M. Henry d'Espinay, a construite sur une propriété composée de plusieurs fermes de Sologne, ce qui annonce une grande étendue.

Nous y avons trouvé Mme Henry, qui aime beaucoup Saint-Hubert, et y accompagne à peu près tous les jours son mari, si le temps le permet; elle y dirige l'horticulture, et la basse-cour ; elle taille elle-même ses espaliers.

M. Henry, grand amateur de chevaux, en a une cinquantaine provenant de trois étalons qu'il a élevés, et dont un que j'ai trouvé fort beau, est approuvé et reçoit une prime annuelle de 600 fr., ses douze juments, dont une bonne partie sont des bêtes d'artillerie, lui ont donné une quarantaine de poulains.

Il a créé une quarantaine d'hectares de prés sur des terres légères et fraîches ; les plus anciens de ces prés qu'il a formés, donnent déjà une quantité de foin qui m'a paru bon.

M. Henry soigne très-bien ses prés ; on vient d'y

étendre du fumier décomposé, sur lequel on répand des vases d'étangs sèches et pulvérisées, il compte arriver à créer ainsi cent hectares de prés, je désire qu'il ne voie pas la chose trop en beau.

Il devrait acheter une carrière de pierres à chaux, sur le bord du Cher, à environ seize kilomètres de chez lui ; il y construirait un four à chaux, la chaux ne lui coûterait que 50 cent. prise au four, faite avec de l'anthracite venant de Montluçon.

La chaux est la première chose à employer, pour améliorer les terres froides de Sologne, il en faut de toute nécessité pour donner de bonnes productions, y compris du foin de bonne qualité, il ferait bien aussi d'essayer le phosphate fossile dans ses prés, mais cet amendement lui rendrait les plus grands services dans ses terres provenant de défrichement.

M. Henry d'Espinay a deux cents bêtes à laine solognotes, et il va se rendre à une foire, à Vatan, pour y acheter deux cents agneaux berrichons tardifs, qu'il ne payera que 4 ou 5 fr., comme un de ses voisins vient d'en acheter plusieurs centaines.

Il a une vingtaine de bêtes à cornes et un taureau dégénéré de race schwitz ; il ferait bien de le remplacer par un croisé durham ; sa porcherie est fort nombreuse, et contient des verrats anglais, dont les porcelets se vendent bien à Romorantin ; la vaste cour de Saint-Hubert est pleine de volailles de tous les genres.

M. Henry a planté un grand nombre d'arbres à fruits et de pommiers à cidre, qui viennent fort bien.

J'ai vu un champ de citrouilles, dont les cochons sont très-avides. On cultive beaucoup de pommes de terre pour les nourrir et pour engraisser les bêtes à cornes, dont on veut se défaire ; il y a un champ de carottes pour les chevaux, et un de choux pour les vaches.

M. Henry ne cultive que la quantité de seigle nécessaire au ménage de la ferme, beaucoup d'avoine pour les chevaux, et du sarrasin pour les volailles ; il devrait ajouter pour ces dernières, du millet et du môha, qui produisent beaucoup de graines qu'elles aiment infiniment.

M. Henry a quatre-vingts hectares en bois, qui lui fournissent en abondance de la litière de bruyère pour son nombreux bétail.

Ces Messieurs auraient un grand avantage à cultiver les lupins à fleurs blanches pour les enterrer comme fumure verte ; ils remplaceraient ainsi avec avantage le contenu de douze à quatorze voitures attelées de quatre bœufs et chargées de fumier. La culture des lupins jaunes leur donnerait dans leurs sables de quatre à cinq mille kilos d'un excellent fourrage, qui empêcherait leurs bêtes d'avoir la cachexie aqueuse, maladie qui détruit si souvent les bêtes à laine en Sologne.

La grande spergule et la serradelle viennent très-bien dans les sables et donnent beaucoup de lait aux vaches. Les rutabagas navets et les topinambours, sont aussi des plantes de terre légère, et les grandes fanes des derniers, sont une excellente nourriture en vert et en sec.

M. Gaston d'Espinay, dirige et administre pour madame sa mère la grande terre de Montgiron, qui avec les fermes de ces messieurs, dépasse deux mille hectares en terres et bois.

M. Maurice d'Espinay habite la Normandie ; M. Ernest, le plus jeune, s'occupe d'horticulture ; il a formé une jolie serre chaude, c'est à lui qu'est destiné le château de Montgiron. M. Henry construira une maison à Saint-Hubert, et M. Gaston a des propriétés en Beauce.

J'ai quitté cette nombreuse et bien aimable famille, qui a quatorze enfants charmants, pour aller demander à déjeuner à M. de Beauchêne, l'ancien président du tribunal de Romorantin, il a fort bien cultivé, mais son âge l'a fait renoncer à la culture ; il ne peut plus continuer à donner à ses métayers de bons exemples qui malheureusement n'ont pas, dit-il abouti à grand'chose ; l'un d'eux n'a jamais voulu sortir de sa routine, et M. de Beauchêne a été trop bon pour vouloir le renvoyer ; le second avait assez bien été pendant un temps ; mais ayant perdu sa femme, il est devenu ivrogne ; le troisième est resté comme le premier, un routinier pour la culture ; mais il soigne si bien son bétail et sait surtout si bien l'acheter, et le revendre après l'avoir engraissé dans ses bons prés des bords de la Saudre, qu'on le conserve, malgré sa pauvre culture.

Ce qui a le mieux réussi à M. de Beauchêne, ce sont de grands semis de pins maritimes, qu'il a commencés il y a une trentaine d'années, dans ses sables les plus maigres ; ces bois ont une grande valeur, tout en donnant de beaux revenus, par les éclaircissages.

M. de Beauchêne profitant des bons prés qui bordent une assez forte rivière, la Saudre, dont les bords et les environs sont garnis de beaux arbres et surtout de gros et vieux chênes, s'y est créé un fort beau parc.

Il m'a fait voir plusieurs troupeaux de jeunes agneaux berrichons, que ses métayers avaient achetés dans les foires de la Champagne du Berry, en ne les payant que de 4 à 6 fr. la pièce ; ils pourront bien venir, si on les nourrit assez bien cet hiver ; les grands fermiers de cette partie calcaire du Berry, connue sous le nom de Champagne, ont de très-nombreux troupeaux d'une petite espèce de bêtes à laine, à toisons assez fines, mais très-légères, ils laissent toujours les béliers parmi les brebis et veulent en automne, se débarrasser à tout prix, des agneaux tardifs qui déparent leurs bergeries.

Je me suis rendu ensuite à six kilomètres de là, chez M. Julien, au château des Anges ; c'est une grande pro-

priété de terres légères, au milieu de laquelle se trouvait
une espèce de marais, de plus de deux cents hectares;
M. Julien, jeune parisien, en comprit la valeur, ce qui
le décida à acheter cette terre, il y a une vingtaine d'années, ce marais est traversé par trois branches d'une
petite rivière, la Rêre, et se trouvait fort souvent inondé ;
M. Julien fit creuser ces trois ruisseaux de manière à
assurer l'écoulement des eaux, et après avoir nivelé et
drainé, il se trouva avoir une grande étendue de terres
de la plus grande fertilité, et beaucoup de prés; l'excellente marne qu'il a en abondance dans diverses parties de
sa propriété, lui a permis d'améliorer une bonne partie de ses terres légères; il a semé beaucoup de pins et
de glands, sur ses terres les plus maigres, et il a planté
aussi beaucoup d'acacias.

M. Julien avait récolté en 1864 une moyenne de vingt-
huit hectolitres de froment sur soixante-cinq hectares;
mais un incendie lui en a dévoré environ moitié; c'est une
grande perte en grains et en paille, aussi ce zélé et bon
cultivateur ne néglige-t-il aucun moyen de réparer cette
perte, et il a fait une fort belle récolte cette année.

M. Julien va chercher toutes les vidanges de la ville
de Romorantin, dont il est à trois lieues; elles ne lui
coûtent rien, il les mélange avec des terres tourbeuses;
il achète le plus de cendres lessivées qu'il peut, à 8 fr. le
mètre cube, il en a maintenant douze mètres qui vont
être mélangés avec un engrais nommé guano phosphaté,
qu'il a payé 30 fr. les cent kilos, avec trois mille cinq
cents kilos de phosphate fossile, valant 7 fr. les cent
kilos, et avec cinq mille kilos de tourteaux de chair
bouillie, payée 125 fr.; ce mélange d'engrais sera employé
à raison de vingt hectolitres par hectare, pour semailles
de froment; j'ai oublié d'énumérer encore, des achats
d'os, de cornes pulvérisés, de la suie, du sang et des résidus d'abattoir, etc., etc., que M. Julien se procure,

sans rien négliger de ce qui peut fertiliser les terres de sa grande culture. Comme ses bonnes terres de marais ont plusieurs pieds de profondeur, et qu'elles touchent pour ainsi dire les terres légères, il fait conduire de ces bonnes terres sur les sablonneuses, ce qui les améliore singulièrement.

M. Julien est allé l'an dernier à la vente de bétail de la ferme régionale de la Saulaie, près Lyon ; il en a ramené un jeune taureau et deux génisses de race ayrshire ; à sa place, au lieu de ces trois bêtes, j'aurais acheté un bon taureau durham, sans ramener de vaches ; car on ne saurait espérer s'entretenir de taureaux bien réussis, dès qu'on ne peut choisir que sur un ou deux veaux produits chez soi.

Il a acheté deux beaux béliers southdown, et un verrat berkshire ; ce dernier vient de Grignon, où il se trouve une excellente porcherie. Celle de M. Julien est très-nombreuse et avait besoin d'un renouvellement de sang ; il tient dix-sept grandes truies croisées.

Il a fait beaucoup de topinambours ; les gros tubercules sont distillés avec les betteraves qu'il cultive sur une grande étendue et fort bien ; son troupeau de cochons sait retrouver les tubercules oubliés dans les terres.

M. Julien a marié l'aînée de ses deux filles, au fils de M. Champonnois, qui se trouvait au château des Anges, lors de ma visite. Ces Messieurs pensent avec raison, que, lorsque le bas prix des alcools ne laisserait au cultivateur qui distille, que le fumier et même que moitié de ce fumier, comme bénéfice net de la distillerie, à condition que les racines ou tubercules, ne lui fussent pas cédés au-dessus de leur prix de revient, on ferait encore bien de distiller, car la culture faite sans de très-bonnes fumures, est toujours onéreuse ; je pense cependant bien faire en répétant souvent, que lorsqu'on manque de fu-

mier, il faut se souvenir que les meilleurs cultivateurs
français, anglais et allemands, sont d'accord pour admettre, que cent kilos de guano du Pérou, dont le prix
au port de mer, est de 31 fr. 25 cent. rendu au chemin
de fer, équivalent comme fumure, à dix mille kilos de
bon fumier de cour, qu'on payerait pour le moins 50 à
60 fr.

J'ai engagé M. Julien à demander à M. Fiévet, à Masny, près Douay, Nord, deux hectolitres de froment Hallett, et à demander aussi à M. Vilmorin, du maïs dent
de cheval pour fourrage vert, puis pour ses sables, des
lupins blancs, des jaunes, de la grande spergule, et de la
serradelle; enfin pour semis de bois, de la graine de pins
noir d'Autriche, et de pins laricios.

M. Julien m'a fait conduire le lendemain, chez M. Sinot, l'un des gardes et régisseur de M. Normand, grand
et riche fabricant de draps à Romorantin, qui possède
dans ces environs une grande étendue de terres et de
bois; une partie de cette propriété est parcourue par la
Saudre, dont les bords sont très-fertiles; M. Sinot vient
d'améliorer une grande ferme, en défrichant les bonnes
bruyères, et en cultivant fort bien ses terres et racines,
céréales et prairies artificielles; il les avait assainies,
marnées et bien fumées, il a réuni une vingtaine de
bonnes vaches de pays, et leurs élèves; il lui manque un
taureau durham; il a deux cents brebis qui reçoivent
des béliers southdown; maintenant que la ferme est sur
un bon pied, on va y mettre un métayer, et M. Sinot va
entreprendre l'amélioration d'une autre ferme; il en a
plusieurs sous sa gouverne; il est bien logé avec sa
femme; ils sont sans enfants; M. Sinot n'est pas nourri
et n'a que 1,200 fr.; un homme aussi actif et aussi intelligent, devrait avoir 600 fr. de plus, afin de pouvoir
mettre de côté, pour les vieux jours du ménage.

J'ai rejoint la station de Salbris, et je suis allé coucher à Châteauroux ; le lendemain, un cabriolet m'a conduit à Puymoreau, où je venais pour la seconde fois, exprès pour voir les six bonnes familles de métayers vendéens, que dans ma première visite, j'avais singulièrement appréciés ; je désirais les connaître davantage, afin de pouvoir si je suis aussi content de ma seconde visite, engager mes amis habitant les pays dont la culture est fort arriérée, à louer quelques unes de leurs fermes à des métayers de la Vendée, qui trouvent maintenant difficilement à se placer dans leur pays, les terres s'y louant fort cher.

La terre de Puymoreau se compose de quatre cents hectares, dont vingt sont en prés, et autant en bois ; il y existe un moulin, qu'on vient de reconstruire à neuf et qui est loué 1,500 fr. Il s'y trouve six familles vendéennes, généralement nombreuses en hommes forts, et bons ouvriers ; ils m'ont paru intelligents, et je les crois bons cultivateurs, d'après les récoltes qu'ils ont su faire venir, si peu de temps après leur arrivée, dans des terres en partie usées et naturellement peu fertiles ; heureusement pour eux, il existe sur la propriété des carrières de pierres calcaires, d'où l'on a extrait de grandes et belles pierres dures, avec lesquelles on a construit un beau pont, sur la charmante rivière, la Bouzannes.

Les acquéreurs de cette terre, sont deux beaux-frères, dont l'un est médecin et l'autre M. Guyet est propriétaire à Napoléon-Vendée ; ils n'habitent pas Puymoreau, dont le vieux castel est en ruine ; il est entouré des deux fermes occupées par deux frères ; l'un d'eux, le sieur Chamarre jeune, a été chargé de la régie de la terre, tout en étant métayer ; le sieur Chamarre aîné, est un bon cultivateur qui vient de recevoir une médaille d'argent, comme étant le meilleur cultivateur de son canton ; il est grand et fort et peut avoir cinquante ans ; il a deux fils de plus de vingt ans, grands et forts comme lui. Un autre métayer a avec lui, son gendre, sa femme et deux filles, arrivées une année après les premiers ; ils ont fait énormément d'ouvrage, quoiqu'ils ne soient pas grands de taille.

Il y a dans la plus grande métairie, le père, la mère, le frère du père et trois forts garçons ; le frère est un bon jardinier, qui a défriché des parties incultes de l'ancien jardin, l'a agrandi, y a planté de jeunes arbres fruitiers, et y cultive tous les genres de légumes, même des cardons et des artichauts, il y a semé du chanvre et du lin ; je n'ai trouvé que la métayère dans un des domaines et n'ai pas vu les autres membres du ménage ; enfin, dans le sixième domaine que je n'ai fait qu'apercevoir, on m'a dit que la famille, nouvellement arrivée, se composait de onze membres, dont le plus jeune est âgé de douze ans.

Ces métayers ne veulent cultiver qu'une quarantaine d'hectares. M. Guyet pense augmenter, avec le temps, de trois, le nombre de ses domaines ; il a construit un four à chaux continu, et qui se chauffe par moitié à l'anthracite, dont le mètre revient à 22 fr., et au charbon de Bézenais, payé 15 fr. le mètre ; ce combustible forme, avec huit mètres de pierre dure, dix mètres de chaux grasse non fusée, qui coûte 8 fr. 20 cent. le mètre, fabriquée sur la propriété. Depuis trois ans, les six métayers en ont employé chacun cinquante mètres cubes, que les propriétaires avancent, et que les métayers remboursent à moitié, ainsi que les cinquante quintaux métriques de phosphate fossile avancés, qui reviennent à 375 fr. Chaque domaine fait au moins quatre hectares de choux branchus du Poitou, sur terre chaulée à raison de huit mètres par hectare ; les choux ne reçoivent point de fumier, mais six cents kilos de phosphate, payé 45 fr. ; ces choux que j'ai vus, l'an dernier comme cette année-ci, dans le mois d'octobre, sont fort beaux ; ils sont hauts de plus d'un mètre, et ont de larges feuilles, ce qui m'a fort étonné, étant venus dans des terres usées, légères, et caillouteuses ; ces feuilles sont cueillies pour engraisser les vieilles vaches, qu'on va remplacer par des génisses parthenaises ; chaque métayer a deux hectares de betteraves globes en lignes et un hectare de pommes de terre ; le tout est bien fumé et bien sarclé ; ils ont aussi cinquante ares en grosses citrouilles d'une fort belle espèce, qu'on plante dans des trous de deux pieds carrés, et de dix-huit pouces en profondeur, qu'on a remplis de fumier de cochons, de préférence ; après avoir recouvert le fumier de huit pouces de terre, on y met deux graines ; ces trous sont fortement espacés, ce qui permet aux plantes de s'étendre et de produire jusqu'à quarante mètre cubes de citrouilles par demi-hectare ; elles sont si lourdes qu'on a de la peine à les charger ; le bétail et les cochons les dévorent ; mais les bêtes pourraient enfler, si on leur en donnait trop.

La plantation des choux branchus se fait sur des billons de deux tours de charrue, à deux ou trois pieds dans la ligne, suivant la fertilité du sol ; on sème le replant en septembre et au pied à l'exposition sud d'une forte haie, dont les branches surplombent, si l'on en a une ; ainsi disposés, on les éclaircit après l'hiver, et on les repique à la fin de mai, on en sème aussi au printemps, pour être mis en place en septembre ; on n'effeuille point les choux quand il gèle ; il faut de dix à douze mille plants par hectare.

Ces braves gens ont déjà beaucoup de prairies artificielles bien venues, en trèfle mêlé de ray-grass, en vesce et en lupuline ; ils vont semer des luzernes sur terres préparées pour cela.

M. Guyet, l'un des propriétaires, vient deux fois par an les voir ; il loue d'avance une batteuse à vapeur, à raison de 5 fr. par heure de travail ; le mécanicien et

l'engreneur de la machine sont nourris par les métayers ;
tous les grains ont été battus, et le partage s'est fait avec
les colons ; M. Guyet est retourné chez lui ; on battait par
heure de huit à dix hectolitres de froment, et le double
d'avoine. Le battage se paye par moitié ; on a battu cette
année environ quatre cents hectolitres de tous grains, y
compris du millet paniculé, qu'ils ont vendu 24 fr.
l'hectolitre.

On a acheté deux jeunes taureaux limousins par domaine ; on les a payés 300 fr. la paire, âgés de huit mois ;
ils ont servi les vaches pendant un an, ils ont été castrés ensuite ; on les estime 500 fr., maintenant qu'ils ont
trente mois ; on commence à les faire travailler ; le cheptel de la terre se compose, actuellement, de cent quatre-
vingts bêtes à cornes et de soixante bêtes à laine par domaine ; j'ai conseillé à ces gens, de donner des béliers
croisés shropshire et southdown à leurs brebis et de doubler le nombre de celles-ci ; je leur ai donné l'adresse de
Montchenin, pour se procurer ces béliers à 46 fr. la
pièce ; ils y trouveront aussi de jeunes veaux croisés
durham peu chers. Chaque domaine a une jument, et
une truie ; il faudrait se procurer un verrat anglais chez
M. Poisson, à la ferme-école de Laumois près le Chatelet
Cher ; il les vend 50 fr., âgés de deux mois, et il possède une forte et excellente race. Je leur ai conseillé la
culture des topinambours, du moha, de la serradelle, de
la spergule, et des lupins, pour leurs sables ; depuis,
mon ami M. Benoist-Durand, sur ma prière, leur a envoyé du moha, des lupins blancs, et des rejets de pru-
niers d'Agen.

Les frères Chamarre, qui ont encore trois frères métayers dans la Vendée, m'ont dit que plusieurs métayers
de leur pays étaient venus les voir ; ils les ont trouvés en
si bonne position, qu'ils les ont priés, en les quittant, de
les aider à trouver des domaines à moitié dans leurs en-

14

virons; ils ont ajouté qu'ils connaissent des familles nombreuses et honnêtes de bons cultivateurs, qui se décideraient aisément à venir, si on leur trouvait de bonnes métairies; il faudrait les prévenir au moins un an d'avance; ils m'ont encore dit, qu'il y avait déjà plusieurs familles vendéennes, fixées dans cette partie de la France. M. Guyet, avec lequel je suis en correspondance, m'a confirmé ce que ces métayers m'ont dit.

J'ai quitté ces bons cultivateurs vendéens, très-content d'eux et de leur culture, et j'ai le plus grand désir d'en voir arriver d'autres, dans ces pays, tant ils sont supérieurs aux métayers berrichons; j'espère que les bons exemples qu'ils donneront, amélioreront la culture du centre de la France, qui en a un si grand besoin; cette amélioration augmentera surtout le revenu des propriétaires qui se décideront à faire venir des Vendéens.

Avant de retourner à Châteauroux, je suis allé faire ma visite habituelle au ménage Massé; j'ai trouvé ce brave et très-bon petit cultivateur, et propriétaire, labourant avec les jeunes bœufs jumeaux, que sa vache lui a donnés, il y a deux ans et demi; j'ai vu cette vache, qu'un veau de huit mois tête encore; j'en ai demandé la raison; elle ne donnerait pas son lait, si on avait sevré le veau. Le père Massé a un hectare de beaux choux; il a des betteraves, des carottes, des rutabagas, des topinambours, et des navets; ceux-ci ont été attaqués par de petites chenilles noires; la pluie les ayant détruites, les navets se remettent; le bonhomme a fait une bonne récolte de froment; il a semé un hectare de luzerne, et autant de trèfle, qui ont bien réussi. Ses treilles lui ont donné deux pièces de vin, j'ai vu du maïs-fourrage et des vesces d'hiver.

Ses six hectares de mauvaises terres achetés 2,000 fr. avec la maison sont devenus très-productifs, après les avoir fait couvrir de cent vingt tombereaux d'excellente marne, qu'il a fait venir de deux lieues ; cette amélioration lui a coûté 1,200 fr.

Je me suis rendu, le 15 octobre, à Vallenay, près de la station de Bigny, chez l'excellent M. Edmond Augier, qui cultive fort bien soixante-dix-sept hectares de très-bonnes terres ; il a drainé ses trente hectares de prés, qu'il a très-bien fait irriguer, par M. Gadault, fort bon draineur et irrigateur dont il est très-content ; il m'a prié de le recommander aux personnes qui pourraient avoir des travaux de ce genre à faire.

M. Augier a une dizaine d'hectares de très-belles betteraves ; il espère qu'elles produiront une cinquantaine de mille kilos par hectare ; elles serviront de nourriture à une soixantaine de fort belles bêtes à cornes charolaises, et deux cents bêtes à laine ; cela n'empêche pas M. Augier d'acheter beaucoup de fumier, étant à portée d'une grande forge ; il a à peu près trois quarts de tête de gros bétail par hectare.

Ce qui me paraît très-extraordinaire, c'est que M. Augier, ainsi qu'un grand nombre de propriétaires et cultivateurs français, se méfient encore de la valeur du guano, comme engrais ; ils ne veulent pas admettre, ce qui est affirmé par les meilleurs cultivateurs du nord de la France, d'Angleterre, de Belgique et d'Allemagne, que cent kilos de guano du Pérou, remplacent fort bien, comme fumure, dix mille kilos de fumier, qui généralement se paye 70 fr., tandis que cent kilos de guano ne coûtent que 35 fr., rendus même à cent cinquante lieues des ports de mer où il arrive ; il faut encore ajouter à la dépense d'achat de fumier qui coûte le double du guano, son transport, qui est très-considérable, lors même qu'on le trouve à sa porte.

M. Augier a des carrières de fort belles pierres de taille de nature calcaire ; il en emploie les débris à faire de la chaux dans deux fours, où on ne la paye que

90 cent. l'hectolitre; cela rend grand service aux cultivateurs du voisinage, pour le chaulage de leurs terres. M. Augier a chaulé les siennes, et il en a aussi drainé les parties les plus humides.

Il tient lui-même sa comptabilité en partie simple, fort bien écrite et à jour, il se rend donc bien compte des résultats de la culture de la ferme de Vallenay; il m'a fait voir qu'elle lui avait donné, l'année 1864, un produit net de 7,300 fr.; elle n'était louée que 4,500 fr. avant qu'il ait entrepris son amélioration, ce qui a exigé de fortes dépenses qui ne sont plus à faire; une autre ferme aussi bonne en terres et en prés, que celle-ci qu'elle touche, et dont l'étendue est de quatre-vingts hectares en terres, et de vingt en prés, ne lui rapporte qu'environ 3,500 fr., encore le fermier est-il endetté; aussi pense-t-il la vendre, s'il en trouve 112,000 fr.

M. Augier m'a conduit chez M. Perraut, ancien magistrat, quoique jeune encore, il s'est mis, il y a un an, à cultiver une de ses fermes contenant cent hectares qui entourent un joli château et un délicieux parc; M. Perraut a construit de très-beaux bâtiments de culture, où il loge une soixantaine de fort belles bêtes charolaises; il a payé à M. Massé de Marteau, près la Guerche, 500 fr. pour un beau taureau.

J'ai vu faire là, des feuillards avec des tiges de topinambours, ce que j'avais remarqué aussi en Prusse.

M. Perraut nous a dit que la première année, sa culture lui avait donné plus de 5,000 fr. de produit net; son métayer lui donne pour sa part environ 40 fr. l'hectare.

Le lendemain M. Augier m'a conduit au château de la Brosse, chez M. de la Chapelle. L'ancien château de ce nom, ayant été consumé par un incendie, ce jeune et très-riche propriétaire vient de le remplacer magnifiquement; l'intérieur du nouveau et splendide château n'étant pas encore complétement terminé, M. de la Chapelle ne l'habite pas encore.

Du perron, on jouit d'une vue admirable sur la belle vallée du Cher, et sur l'ancienne petite ville de la Selle-Bruère, qu'un pont suspendu réunit à la station de ce nom.

La terre de la Brosse a huit cents hectares d'étendue et son propriétaire, qu'on dit avoir plus de 200,000 fr. de rente, saisit chaque occasion de l'augmenter.

M. de la Chapelle a un faire-valoir assez considérable ; nous avons vu un grand silo dont le bout non fermé, nous a laissé apercevoir de très-belles betteraves.

La plus grande partie de son bétail se trouvait dans des herbages bordant le Cher ; nous n'avons vu que quelques bêtes durham et devon, et des croisements entre les deux races ; ils ont l'air de très-bien faire ; on est à la recherche d'un beau taureau durham. M. Gautier, le jeune régisseur, nous a dit que le cheptel de la ferme dépassait le nombre de soixante têtes.

M. de la Chapelle a de fort beaux chevaux, et un nombreux équipage de grands chiens anglais.

Nous nous sommes rendus de là, à la Selle-Bruère, chez MM. Auclerc père et fils ; ils étaient tous deux absents, mais le père est venu nous rejoindre, peu après, pendant que nous examinions, M. Augier et moi, ses très-beaux durham ; leur nombre approche d'une quarantaine, en ne comptant pas dix beaux et très-grands bœufs, en partie durham ; il en a quelques-uns qui sont croisés durham, et salers, et deux bœufs salers.

M. Augier nous a bientôt quittés pour s'en retourner chez lui ; après l'avoir reconduit à sa voiture, nous sommes retournés à la ferme, que je visite chaque année depuis plus de vingt ans.

Je désirais examiner les taureaux durham que MM. Auclerc pouvaient avoir disponibles, deux cultiva-

teurs de Pont-à-Mousson m'ayant prié de leur faciliter l'acquisition de taureaux durham. M. Auclerc, ce
très-bon cultivateur et éleveur, m'en a proposé trois, le
premier âgé de vingt mois, pour 1,200 fr., le second, à
peu près du même âge, pour 1,000 fr., le troisième de
dix-huit mois, pour 800 fr.; j'ai écrit aux cultivateurs
de Pont-à-Mousson, mais ils n'ont pas voulu dépasser
600 fr., et M. Auclerc n'a pas accepté leur offre.

On mettait en silos une forte récolte de belles betteraves et de carottes. J'ai vu rentrer une jolie récolte de
maïs quarantain en grains; il sert pour achever l'engraissement des bêtes à cornes, cochons et volailles. La
récolte de froment a été fortement rouillée, et n'a donné
que moitié du produit moyen habituel, quinze hectolitres au lieu de trente.

M. Auclerc m'a conduit ensuite dans un champ où se
trouvait un lot de bêtes à laine du Berri, voici ce qu'il
m'a raconté à cette occasion :

Un jour d'automne, il se trouvait sur le tard dans un
champ de foire; il vit plusieurs marchands de bêtes à
laine, qui n'avaient pas vendu un grand nombre d'a-
gneaux tardifs du Berri; ils avaient l'air d'être fort em-
barrassés; l'un d'eux finit par s'approcher de M. Auclerc et lui proposa de lui laisser ses cent quatre agneaux
pour 500 fr.; il accepta, et en vendit la moitié gras, au
bout de deux ans, à 40 fr. la paire; le reste se vendra,
d'ici peu, au même prix.

M. Auclerc a une basse-cour bien montée en poules
crèvecœur, brahma-poutra, et encore d'autres belles
espèces dont j'ai oublié les noms. J'y ai encore vu deux
énormes oies de Toulouse qu'il a fait venir de ce pays,
il y a seize ans, et dont il a fourni des œufs à ses nombreux métayers. Ses cochons sont des berkshire, venus
de Windsor. Ces Messieurs, malgré leur très-nombreux
bétail, sur une culture de soixante-cinq hectares, dont

moitié sont en terres très-légères et cailouteuses, ont pu vendre du foin cette année très-sèche, tout en n'ayant que trois hectares de prés ; à la vérité, ils sont bien irrigués.

M. Auclerc père, m'a conduit le lendemain, chez mes amis MM. Durand à Bois-d'Habert ; je les ai trouvés occupés à partager en six lots leur terre, dont l'étendue est d'un peu plus de quatre cents hectares ; le plus grand lot sera pour madame leur mère, qui habite une jolie maison, au milieu de trente hectares de prés et de terres, à la porte de la ville de Lignières ; les enfants, au nombre de cinq, dont trois hommes, auront chacun un domaine d'environ soixante-cinq hectares, plus ou moins, suivant la qualité des terres.

Plusieurs de ces cinq personnes, n'ayant pas le goût des occupations agricoles, je les ai engagés à se mettre en mesure de se procurer des métayers vendéens ; ils leur donneront de bien meilleurs revenus que les métayers du Berri.

On a fait ici, comme habituellement, de belles récoltes à peu près en tous genres.

Un de ces messieurs, M. Tony, m'a conduit par des chemins défoncés, qui nous faisaient craindre, à chaque instant, de verser ; nous allions visiter un grand domaine en terres fortes, et d'une extrême fertilité, appartenant à M. Auclerc le fils, mais qui est à plusieurs lieues de son habitation.

Ce domaine s'appelle le Gran-Peur, et M. Auclerc possède à côté, une autre métairie nommée le Petit-Peur, deux noms assez extraordinaires ; le nouveau métayer est chef d'une nombreuse famille qui se monte à vingt individus, quoiqu'il n'ait pas beaucoup plus de cinquante ans ; à la vérité, les petits enfants sont nombreux ; les grandes personnes sont au nombre de dix, et des dix enfants, aucun n'est en âge de travailler. M. Auclerc a mis, depuis longtemps, un taureau durham dans cette métairie ; aussi le bétail en est-il fort beau ; il vient de le remplacer par un jeune taureau provenant d'un taureau devon, avec une vache durham ; il trouvait que le bétail de cette ferme avait l'inconvénient d'être trop haut sur jambes ; il espère que le nouveau reproducteur remédiera à ce défaut.

Les attelages de cette métairie, douze grands bœufs croisés durham avec les vaches du pays, sont beaux et forts ; mais deux parmi eux, croisés durham et salers, sont encore plus forts et plus beaux.

Cette ferme a de très-bons herbages, quoiqu'elle soit fort élevée au-dessus de la belle vallée de l'Arnon ; le fonds de terre en est d'une argile si tenace, qu'on répugne à labourer ces herbages ; lorsque arrive le moment où il faut cependant les remplacer par d'autres, on le fait de la manière suivante. Cet herbage, y compris le trèfle, a duré cinq ou six ans ; on le laboure alors avec une forte charrue Dombasle, attelée de huit bœufs ; on y sème une avoine d'hiver, après laquelle on donne une demi-jachère pour froment ; après celui-ci, on fait des féverolles d'hiver, des betteraves, ou de la vesce d'hiver, ou de la vesce de printemps ; enfin on sème en mars de l'avoine et du trèfle, qui au bout de deux ans se trouvent naturellement remplacés par une bonne herbe ; celle-ci dure deux ou trois ans, et on la laboure lorsque l'herbe diminue. On fait des luzernes dans les terres les moins fortes. Le cheptel de la ferme qui a une centaine d'hectares, se compose d'environ cinquante têtes de bêtes à cornes, de deux juments et de cinq ou six poulains, et de soixante fort belles brebis croisées charmoises avec les agneaux de l'année, on vend les antenais ; enfin il y a encore plusieurs truies et leurs élèves croisés anglais.

Le domaine du Peur donne en moyenne, 6,000 fr. de rente net.

M. Durand de Lançon, cousin et beau-frère de MM. Durand de Bois-d'Habert, m'a conduit chez M. Poisson, que j'avais visité deux fois lorsqu'il était directeur de la ferme-école d'Aubussay, près de Vierzon ; il vient de transporter cette école dans le château et la belle terre de Lômois, dont l'étendue est de cent soixante-dix hectares de terres et de cinquante hectares d'excellents prés, améliorés tous les hivers par les débordements de l'Arnon ; malheureusement cette rivière déborde aussi quelquefois lorsque l'herbe est haute, et gâte les foins.

M. Poisson est aussi fermier d'un domaine de cinquante hectares, qui est inabordable, une bonne partie de l'année, tant on néglige les chemins de traverse, dans la commune de Morlac.

La belle et bonne terre de Lômois, contient encore deux autres fermes, en excellentes terres fortes, que M. Poisson n'a pas voulu louer, à cause de la difficulté de leur culture ; cette propriété appartient à M. Gohin fils, qui l'a donnée pour dix-huit ans à ferme, à M. Poisson, au prix de 55 fr. et 5 fr. d'impôt. M. Gohin s'est engagé à faire faire deux petites portions de route, qui joindront les deux fermes faisant partie du bail, à la route qui passe près de la ferme-école. M. Gohin doit aussi dépenser 10,000 fr. à faire des drainages indiqués par le fermier.

M. Poisson a peuplé ses étables des meilleures vaches qu'il a pu se procurer dans les foires du pays, dans le nombre se trouve une assez grande quantité de charolaises et de parthenaises. Il leur a donné un beau taureau, venant de chez le comte de Bouillé ; ses produits de l'année sont fort beaux.

M. Poisson étant des environs de Juilly, près Paris, fournit depuis longtemps aux fermiers de ces environs, des moutons du Berri qu'il a achetés antenais ou agneaux ; il leur expédie ces moutons en avril, pour être mis au parc; M. Poisson les remplace par des moutons de trois ans, qu'il vend gras.

M. Poisson a une grande et fort belle porcherie, contenant des midlessex, des berkshire et leurs élèves croisés, qui lui ont valu un très-grand nombre de primes ; il vend beaucoup de porcelets âgés de six semaines, pour reproducteurs, à 50 fr. pièce ; ceux qu'il n'a pu vendre jeunes, sont engraissés et partent à huit mois. Les truies qui sont énormes, et leurs élèves vont aux champs, ce qui est nécessaire pour obtenir une bonne réussite.

On s'occupait de la rentrée de dix hectares de belles betteraves, qu'on estimait devoir rendre cinquante mille kilos à l'hectare.

M. Poisson a semé beaucoup de navets d'éteules, qui promettent bien.

La grande étendue de prairies artificielles et leur bonne réussite, lui a permis de profiter de la cherté du foin, pour en vendre une assez grande quantité ; comme tout son gros bétail et les chevaux reçoivent en hiver des fourrages passés au hache-paille et fermentés avec les racines, cela économise singulièrement la nourriture et empêche le gaspillage. M. Poisson compte l'an prochain pouvoir nourrir ses bêtes à laine, de la même manière. Il plante beaucoup d'arbres fruitiers, et a créé un grand et beau potager, conduit par un fort bon jardinier. Ses attelages de bœufs ne font qu'une longue attelée par jour, afin de pouvoir les engraisser en hiver, une fois les cultures terminées.

M. Poisson se sert principalement d'une charrue de Grignon sans avant-train ; elle est toute en fer et fonte ; il l'attèle de quatre bons bœufs, afin de labourer profondément ; il forme de grandes planches plates de six mètres, espérant arriver à la moissonneuse, tant pour les froments et autres céréales que pour les prés et prairies artificielles.

M. Poisson chaule les terres, qui avaient été marnées par M. Routier, son prédécesseur; il marne les autres, les doses sont de soixante-quinze mètres de marne et de cent vingt hectolitres de chaux ; celle-ci lui coûte, rendue dans le champ, 1 fr. 12 cent. 1/2 l'hectolitre; trente hectares ont déjà reçu ces amendements, depuis dix-huit mois qu'il est ici.

M. Poisson emploie un capital de 600 fr. par hectare de sa culture.

Il a un excellent comptable, très-zélé, qui s'occupe aussi beaucoup de la culture.

Il se prépare déjà, pour bien figurer à la grande exposition internationale de 1867 ; il veut y exposer des bêtes charolaises, des porcs et divers produits.

Les jeunes gens qui se trouvent à cette ferme-école, au nombre de vingt-cinq, sont à même, s'ils le veulent, étant sous les yeux d'un si bon maître, de devenir de bons cultivateurs. Le métayer de M. Poisson, s'est engagé à suivre tous ses ordres. Il partage avec lui tous ses produits des champs et de cour, tels que bétail, porcs et volailles.

M. Benoist Durand m'a conduit dans une autre très-belle ferme, que M. Gohin, propriétaire de Lômois, a construite il y a peu d'années, à une lieue de la ferme-école, et à plus de quinze kilomètres d'une charmante habitation accompagnée d'une jolie ferme, d'une création un peu plus ancienne ; elle est due aussi à cet homme, très-méritant pour l'agriculture.

La ferme de Bagneux est d'une étendue d'environ cent hectares; elle contient aussi un moulin qui marche par la vapeur, lorsque l'eau lui manque, une distillerie, d'après le système Kessler, et une tuilerie, où l'on peut se fournir de tuyaux de drainage.

Les prés en sont irrigués.

Un taureau durham, et des béliers charmoise, améliorent les bêtes bovines et ovines, des cochons anglais, des volailles crèvecœur, brahma-poutra, et des canards aylesbury, témoignent qu'on ne néglige rien ici de ce qui sert à monter un cheptel.

La culture des betteraves s'étend sur vingt-cinq hectares ; elles sont fort grosses ; on cultive aussi des topinambours, qu'on distille avec les betteraves ; ce mélange a produit l'an dernier, cinq pour cent d'alcool.

Une chose que je ne m'explique pas, c'est que dans un champ de dix hectares de betteraves, environ un cinquième de la pièce a été fortement atteint de la maladie, qui noircit les jeunes feuilles venant de pousser ; cette maladie finit par creuser la racine et la pourrit ; dans le reste de la pièce, les racines n'ont pas eu à souffrir.

Nous avons vu faire des feuillards de tiges de topinambours ; lorsqu'on veut conserver les tiges de ce tubercule, qui forment un bon et abondant fourrage, vert ou sec, on doit en couper les tiges, après la floraison, c'est-à-dire dans notre climat, à partir du commencement de septembre ; à la vérité, cela diminue la production des tubercules, mais ce qu'on perd sous ce rapport, est grandement compensé par la valeur nutritive des tiges.

Pour les conserver pendant l'hiver, après les avoir coupées près de terre, on les pose les fleurs en l'air, en formant avec les tiges, une grande et très-épaisse moyette, qu'on lie fortement à mi-tige ; on lui donne du pied pour empêcher que des vents violents ne la renversent ; de cette manière, les feuilles se sèchent, sans noircir, et les tiges, qui contiennent une moëlle sucrée que les moutons aiment bien, finissent aussi par sécher.

Une jolie petite maison d'habitation, loge le régisseur et contient un pied à terre pour M. Gohin, qui y couche quelquefois. On tient ici une comptabilité en partie double.

J'ai visité avec M. Philippe Durand, M. Lucas, fer-

mier, venu des environs de Noyon ; il est arrivé, il y a
une couple d'années, dans le Berry, avec sa belle et nombreuse famille, pour y louer la belle ferme qu'un notaire
de Paris, M. Domange a nouvellement construite, près
la station de Bigny ; cette construction a coûté 80,000 fr.

La maison de M. Lucas, ressemble à une jolie maison
de campagne ; la bouverie loge cent vingt bêtes, les
bœufs compris. Les écuries logent vingt chevaux, sans
compter les poulains.

Les bergeries contiennent mille bêtes. Les granges,
remises, et la distillerie, emploient une grande étendue
de bâtiments, j'y ai vu deux locomobiles à vapeur, l'une
d'elles de la force de neuf chevaux et une grande batteuse de Gérard, de Vierzon, dont M. Lucas est très-content ; elle bat jusqu'à cent vingt hectolitres, mais elle ne
nettoie pas complétement ; j'y ai vu encore une faucheuse Peltier, un rouleau Crosskill, des scarificateurs
et des râteaux à cheval, ce qui montre que M. Lucas est
fort bien monté en machines et instruments d'agriculture. On fait là de bons fromages de Brie.

Cette ferme a quatre cent trente hectares d'étendue,
dont la plus grande partie, sont de bonnes terres, faciles
à cultiver, le loyer est de 30 fr. l'hectare. Les sept enfants de M. Lucas sont fort bien élevés.

M. Lucas a soixante-dix hectares en betteraves globes
et de Silésie, dont il distille quinze mille kilos par jour ;
il y joint aussi des topinambours ; il cultive le colza en
grand ; il a une grande étendue en luzerne ; c'est un
très-bon cultivateur, ce qui n'est pas étonnant, car il
vient d'un pays très-avancé en culture.

J'ai quitté cette active et industrieuse famille, pour me
rendre au château des Trillets, dernière station avant
Montluçon, chez le vicomte de Montagnac, que j'avais
déjà visité l'année précédente, à pareille époque. Il croise
durham, déjà depuis plusieurs années, avec un véritable

succès ; il a plus de quatre-vingts têtes de bêtes à cornes, les veaux compris ; dans le nombre, trois belles vaches, et autant de vêles durham, j'y ai remarqué une vache devon qui, avec le taureau durham donne de beaux produits ; j'ai compté une douzaine de belles vaches, prises dans les races salers, limousine, charolaise, parthenaise et marchoise. Les bêtes croisées durham, sont supérieures à tout cela. J'ai compté huit paires de bœufs de travail.

Le troupeau est formé de brebis croisées charmoise, recevant des béliers de cette race depuis longtemps.

M. de Montagnac vient de construire une très-belle vacherie, dont les profondes mangeoires sont garnies de ciment de Portland ; les bêtes peuvent boire pendant qu'elles mangent, ce qui leur est des plus utile ; elles sont attachées par une double chaîne, dont les anneaux passent dans deux barres de fer, ayant trois mètres de longueur, plantées perpendiculairement à droite et à gauche de l'animal ; les anneaux de la double chaîne, descendent jusqu'au pavé, lorsque l'animal se couche, et remontent, lorsqu'il se lève ; il ne peut ainsi rudoyer ses voisins, ni l'être par eux. Un petit chemin de fer facilite singulièrement l'approche de la nourriture préparée et l'enlèvement des fumiers.

M. de Montagnac ne manquant pas de fourrage, comme ses voisins, achète des bêtes maigres, à 40 cent. le kilo, poids vif ; il les vendra 70 cent., une fois grasses.

Il défonce tous les ans un certain nombre d'hectares, dans une partie de sa terre, où le sous-sol est garni d'une couche de pouddings qui empêchent les labours profonds ; ce travail se fait, en faisant suivre une charrue Dombasle, par une très-forte charrue à sous-sol, suivie elle-même par deux hommes armés de pics, qui extraient les pierres que la fouilleuse n'a pu arracher.

Le vicomte a une moissonneuse, un semoir, une charrue à défoncement, de Bonnet, pour ramener le sous-sol à la surface, des herses Howard, de bons scarificateurs, instruments qui devraient être bien plus employés qu'ils ne le sont généralement, car ils économisent dans les demi-jachères, bien des labours, qui sont infiniment plus longs à faire.

Il vient d'entreprendre la confection d'une route, qui traverse sa terre, afin d'en jouir plus tôt.

Ses récoltes sarclées se composent de huit hectares en betteraves, de sept en rutabagas, autant en très-beaux navets, deux hectares et demi en pommes de terre, et un en topinambours.

Ses prairies artificielles couvrent dix-huit hectares, en trèfle et en ray-grass d'Italie, quatorze en luzerne, et trois en trèfle incarnat, il a vingt-huit hectares en prés, dont une bonne partie a été créée et irriguée par lui, au moyen d'une grande prise d'eau, qu'il a formée en barrant le Cher.

Il a un moulin à deux paires de meules; la même chute fait tourner une machine à battre; le vicomte est à moitié, pour tout, avec ses métayers. M. de Mercey, mon jeune compatriote, et sa charmante femme, vont bien. Je les ai quittés pour aller coucher à Guéret, dans la Creuse.

J'ai eu à regretter l'absence du colonel de Gartempe et de son neveu, M. de Lille, l'ancien maire de Guéret.

Je me suis rendu le lendemain matin, 31 octobre, chez M. Martin de Lignac, à cinq kilomètres de la ville, dans une délicieuse vallée; M. de Lignac l'a formée, en défrichant des pâtureaux et en assainissant et drainant des marais, dont il a formé des prés et des herbages excellents. M. de Lignac, très-bel homme, encore jeune, m'a fort bien reçu, mais un rhumatisme goutteux ne lui a pas permis de m'accompagner par ce temps brumeux dans la visite de sa culture.

Il a fait venir son métayer, maître Andrieux, qui a été

pendant assez longtemps d'abord son chef de culture ;
M. de Lignac, étant devenu souffrant, a proposé à Andrieux de devenir son métayer, en lui disant qu'il lui
fournirait tout ce qu'il faut pour bien cultiver, avances
qu'il rembourserait peu à peu.

Andrieux, avec sa femme avait 600 fr. et était nourri,
chauffé et logé ; si par extraordinaire il ne se trouvait
pas en meilleure position, comme métayer, M. de Lignac
lui rendrait ce qu'il aurait perdu.

Andrieux, qui était naturellement intelligent, et qui
a suivi depuis longtemps, un grand nombre de concours
agricoles, où M. de Lignac l'envoyait, avec des bêtes
choisies dans son beau et nombreux bétail, est devenu
un excellent cultivateur ; il n'a aucun des préjugés ou
des idées routinières des hommes de sa classe.

Il m'a conduit dans une grande et belle ferme, et a
fait rentrer des herbages, afin de mieux me faire voir
son beau bétail que j'ai trouvé attaché dans une grande
étable, des plus commodes pour le bétail lui-même, et
pour le service.

Nous avons d'abord examiné et admiré quarante
vaches laitières, en partie marchoises, en partie parthenaises ; on y voit quelques belles limousines ; mais Andrieux ne les aime pas, les trouvant mauvaises laitières ;
il m'a fait voir les six vaches les plus fortes et les plus
belles, qu'il me présenta comme donnant plus de lait,
et le conservant plus longtemps ; j'ai reconnu qu'elles
avaient du sang durham ; Andrieux m'a raconté que
M. de Lignac avait fait venir un veau durham, âgé d'un
mois, sur l'impériale de la diligence de chez M. Tachard
de la Guerche ; ce taureau avait produit ces six belles
bêtes, la gloire de son étable ; comme il n'élève plus, ou
presque plus, il n'a plus racheté de taureau durham.
Un des huit bœufs, bien supérieur à ses compagnons,
beaux limousins, provient aussi du taureau durham.

Dans une autre étable, Andrieux m'a fait voir trois jeunes taureaux, un croisé durham, un parthenais, de couleur foncée, et un marchois de couleur froment; il m'a dit que ces deux dernières races sont très-fréquemment croisées, ce qui se fait déjà depuis longtemps; il prétend qu'on vend chaque année un grand nombre de jeunes taureaux marchois, pour les mener dans le Poitou et les environs de Saumur; j'ai peine à croire que ces deux races soient alliées, car elles ne se ressemblent pas.

M. de Lignac ayant besoin de lait, achète des vaches à leur second veau, pour remplacer celles qu'on réforme; on les paye de 350 à 400 fr., en choisissant ce qu'il y a de mieux. On élève cependant quelques génisses venant des meilleures laitières.

Il m'a dit que le lait des parthenaises, sans être abondant, est très-butireux, ainsi que celui des bretonnes et des normandes; tandis que celui des flamandes et des hollandaises, convient pour faire des fromages.

Il existe dans un coin du grenier à foin, au-dessus de la vacherie, une cuve contenant de l'eau qui sert à arroser au moyen d'un tuyau en caoutchouc, le foin, mêlé de paille, déposé dans les mangeoires, qui à partir de février sert d'unique nourriture aux vaches; les navets ou raves, vont ordinairement jusqu'à cette époque. On ne sort pas les vaches de l'étable en hiver.

Andrieux m'a conduit ensuite dans un long bâtiment servant de porcherie, qui a cela de particulier, que chaque toit contenant trois porcs à l'engrais, ouvre sur une cour au bas de laquelle coule un ruisseau, où ces bêtes peuvent se baigner; les cochons ont ici un lit de camp, comme il y en a dans les chenils; ils sont à rebords, et de la largeur voulue, pour que les trois cochons allongés côte à côte, remplissent le lit de camp, entre la planche servant de rebord et la cloison; ils se couchent comme cela lorsqu'ils n'ont pas chaud ; l'espèce de porcs élevée ici est un croisement, produit de verrats berkshire ; la porcherie comme l'étable est tenue très-proprement.

Andrieux m'a fait voir un bâtiment, où l'on fabrique des conserves de lait et de bouillon, pour la marine militaire, à laquelle M. de Lignac fournit annuellement dix mille boîtes en zinc, de chacune de ces conserves.

On réduit le lait par l'évaporation, à un cinquième, en y ajoutant une certaine quantité de sucre ; les boîtes contiennent un litre de lait évaporé, qui peut se conserver intact pendant une couple d'années ; l'homme chargé de cette fabrication, n'est ni logé ni nourri ; il gagne 90 fr. par mois, il évapore le lait dans deux chaudières longues et plates, en cuivre étamé.

La fabrique de gelées destinées à être converties en bouillon, est au rez-de-chaussée du même bâtiment ; il s'y trouve cinq chaudières en cuivre fermant hermétiquement ; elles se vident par le fond ; leur contenance est de deux cents kilos de viande qui cuit pendant vingt-quatre heures, au moyen de la vapeur ; le bouillon terminé il faut encore vingt-quatre heures pour le transformer en gelée, ce qui se fait dans les mêmes chaudières que l'évaporation du lait. Une boîte de gelée ne contient qu'un quart de litre, et sert à former huit portions de bouillon, pour les marins ; j'en ai goûté et je l'ai trouvé bon. M. de Lignac m'a fait manger à déjeuner de la gelée, avec de la viande froide, et cette gelée était délicieuse.

Lorsqu'on veut réformer une des vaches de la ferme, on la tue sans l'engraisser, car la graisse serait de trop, les bouchers de Guéret fournissent la basse viande, pour faire des conserves de bouillon. Les cinq chaudières sont de trop maintenant ; on en avait ajouté trois lors de la guerre d'Amérique, époque où on avait fourni jusqu'à cinquante mille boîtes de gelée à ce pays.

J'ai vu dans un fruitier, de belles poires et des paniers ;
on m'a dit que le grand jardin et le verger, fournissaient
beaucoup plus de fruits qu'il n'en faut pour la consommation ; on envoie les plus beaux fruits à Paris, rue des
Halles-Centrales, numéro 7, à la société d'approvision-
nement, qui se charge de la vente, en prenant six pour
cent pour les frais ; le port est en dehors, vu la distance,
on aurait de la perte à y envoyer des produits ordinaires.
M. de Lignac tient à Paris, 118, boulevard de Charonne,
un dépôt connu sous le nom de la maison Martin et compagnie, où l'on peut se procurer ces conserves ; si l'on
demande par écrit une caisse de dix boîtes, on les reçoit
le lendemain ; on trouve aussi dans ces dépôts un fort
bon fromage, façon Chester, qui se fabrique ici avec le
surplus du lait employé pour les conserves ; ce fromage
se vend 2 fr. 50 cent. le kilo ; à ce prix, il paye le lait
15 centimes, tandis que les conserves le payent 30 cent.

Andrieux m'a fait parcourir le potager, qui est très-
grand, et est garni de très-beaux espaliers et de que-
nouilles, et un verger de grands arbres, haut vent ; il est
dirigé par un excellent jardinier, que nous n'avons pas
rencontré ; il gagne 90 fr. par mois.

M. de Lignac m'ayant dit qu'il désirait essayer l'élevage de brebis d'Astracan, m'a demandé où il pourrait
s'en procurer, je lui ai dit que j'en avais vu chez M. Ponsard, au château d'Aumé, près de Châlons-sur-Marne ;
s'il n'en a plus, la Société d'acclimatation doit sans doute
en avoir.

Il m'a témoigné aussi le désir de se procurer des
brebis à toisons noires ; je lui ai donné l'adresse de
M. Lequin, lauréat de la prime d'honneur des Vosges, et
directeur de la ferme-école de la Hayereau, dans les environs de la ville de Neufchâteau, Meurthe ; il a des brebis à belle laine noire qui ont, en outre, le mérite de

produire deux agneaux et même quelquefois quatre en deux portées dans l'année.

J'ai quitté cet homme si obligeant et très-intelligent, en regrettant de ne pas le voir mieux portant, pour me rendre dans la terre de Gartempe, propriété du baron de ce nom, mari de ma petite belle-fille; il habite une terre près de Riom; le vieux castel du nom, contient un pied-à-terre pour la famille, et loge un fermier général, qui était absent; je me dirigeai alors à travers un charmant pays, vers l'habitation de l'oncle du baron, que je trouvai occupé de l'amélioration d'un domaine, où il s'est créé un pied-à-terre; il possède là, cent dix hectares de terres, de prés et de fort beaux bois dont il tirerait un fort bon parti, s'il se décidait à couper ses vieilles coupes surannées, qu'il regarde comme l'ornement de l'ancienne terre de Gartempe; il a une sixième partie de cette terre, et madame de Lille sa nièce, en a une autre sixième; cette dernière propriété est bien administrée, et donne un bon revenu, au dire de mon hôte, qui devrait couper du bois et en employer le prix à chauler ses terres; maintenant la chaux ne lui coûte plus qu'un franc l'hectolitre, prise à trois kilomètres de chez lui, à la station de Montaigu, la deuxième de Guéret, en allant à Limoges.

Si M. de Gartempe chaulait à raison de cent hectolitres par hectare, s'il ajoutait pour cent autres francs de guano, il obtiendrait de très-belles récoltes de froment et des prairies artificielles sur les anciennes terres; s'il défrichait des bruyères qui m'ont paru être en bon fonds, et s'il y mettait pour 150 fr. de phosphate fossile, dans le courant des quatre premières années du défrichement, il y ferait de belles récoltes dont le prix lui fournirait l'argent pour payer la chaux et le guano indispensables pour créer des racines et des fourrages,

lesquels nourriraient beaucoup de bétail ; celui-ci produirait le fumier nécessaire à ces terres épuisées, mais
qui sont naturellement bonnes.

Les bestiaux du domaine sont bons ; les brebis ne sont
pas mauvaises et donneraient de fort beaux agneaux
avec un bélier croisé shropshire et southdown, du prix
de 60 fr., j'ai vu une douzaine d'énormes cochons à l'engrais ; ils doivent produire de l'argent, maintenant qu'on
a des chemins de fer pour les emmener.

Je suis retourné coucher à Guéret, jolie petite ville
dans une charmante position ; elle a une préfecture et
seulement six mille âmes de population. Mon hôte chez
qui j'ai passé deux nuits, m'a dit que les terres dans le
voisinage de Guéret, valaient de 3 à 4,000 fr. l'hectare ;
les domaines situés à quelques lieues de la ville valent
de 1,000 à 1,200 fr. et même 1,500 fr. l'hectare.

Un détachement de cavaliers de remonte, réunissaient
et dressaient de jeunes chevaux, sur une place de la ville ;
il y en avait beaucoup de fort jolis, mais ils étaient en
général petits et minces, je suppose que la raison en est
qu'ils reçoivent peu d'avoine comme poulains.

En quittant Guéret, je m'arrêtai à Busseau-Dahun,
nom de la seconde station, afin de voir le très-remarquable pont qui fait franchir aux convois la vallée de la
Creuse, à près de 200 pieds au-dessus de cette rivière ;
il n'y a que cinq piliers en pierres de taille, de dix à
douze mètres de hauteur, d'où sortent autant de piliers,
qui malgré leur extrême hauteur ne sont formés que
de simples barres de fer s'entrecroisant ; elles portent le
pont le plus élevé et en même temps le plus léger qui
existe. J'étais descendu dans cette profonde et triste vallée, pour mieux voir le pont ; en regagnant la station,
je rencontrai un bonhomme que je saluai ; ayant causé
avec lui, il me raconta qu'il avait été soldat, et qu'il s'é-
tait fait colporteur, après avoir fini son temps de service,

il avait beaucoup voyagé, comme soldat, et encore plus comme petit marchand ; ce dernier métier lui avait si bien réussi, qu'il avait pu acheter une maison, avec douze hectares, qui valent bien ensemble 24,000 fr.

Je rencontrai un autre homme, après que le premier m'eut quitté ; celui-ci est propriétaire dans la commune de Busseau-Dahun ; ses terres granitiques, ne lui donnent guères qu'une douzaine d'hectolitres de seigle à l'hectare ; il n'a pas jugé à propos d'essayer le chaulage de ses terres, depuis que le chemin de fer l'a rendu possible et à bon marché ; il n'est pas d'avis que cela soit utile ; il m'a dit que le Conseil communal avait décidé qu'on démolirait les maisons dont quelques-unes assez belles, que l'entrepreneur du pont avait fait construire sur les terres communales ; selon le Conseil communal et ce brave homme, ces maisons ne pourraient servir qu'à attirer des familles étrangères au pays, qui ne sont que des vauriens ; la conversation de cet homme faisait bien voir, qu'il n'a pas été soldat, et qu'il n'était jamais sorti de ses environs.

Deux nouveaux convois étant arrivés, j'ai pris celui qui allait à Aubusson ; un bel homme étant monté dans le wagon où j'étais seul, m'a appris qu'il était mécanicien attaché à cette station, et qu'il était de Metz, où sa mère voulait le marier, lorsqu'il était allé la voir, l'an dernier ; mais ayant le goût des voyages, il n'avait pas suivi le conseil de ses parents, maintenant il avait formé le projet, avec un de ses camarades, de se faire envoyer en Egypte, pour travailler à la formation du canal de Suez ; je l'ai engagé à écrire à M. de Lesseps, et à adresser sa lettre, à son château, près de la ville de Vatan, Loir-et-Cher.

Je quittai le wagon à la station de Fourneau ; c'est un pays de mines de houille auquel le chemin de fer donne la vie ; on a de là encore seize kilomètres à parcourir,

pour arriver à Aubusson, où la voie ferrée s'arrêtera ;
on m'a fait monter sur l'impériale d'une diligence, d'où
l'on jouissait d'une vue très-pittoresque sur la vallée de
la Creuse.

J'étais placé à côté d'un jeune homme bien vêtu, qui
me dit être occupé par un fabricant de tapisseries ; il
gagne 250 fr. par mois ; mais il trouve que c'est bien
peu, pour faire vivre un ménage ; je lui ai témoigné mon
étonnement de le voir marié si jeune ; il m'avoua, que
s'étant laissé entraîner par des camarades, à trop dépenser et à faire des dettes, il avait cru devoir se marier,
afin de se ranger.

Arrivé à Aubusson, petite ville des plus tristes et des
plus laides, qui se trouve resserrée entre une côte fort
raide, et la Creuse, je louai une voiture, qui me fit faire
fort lestement, seize kilomètres, entre Aubusson et la
belle terre de la Villeneuve ; cette grande propriété appartient à M. du Miral, membre du Conseil général du
département de la Creuse, en même temps que député
du département du Puy-de-Dôme.

M. du Miral est depuis sept ans directeur de la ferme-
école du département de la Creuse ; étant forcé par ses
nombreuses occupations, de s'absenter souvent, et pour
longtemps, de la Villeneuve, il a pris, comme sous-directeur de la ferme-école, M. Tabouriau, ancien élève
de M. Poisson, lorsqu'il dirigeait la ferme-école d'Aubussay ; M. Tabouriau suivit le cours de Grignon, et a
été attaché, comme élève stagiaire, à la culture de M. Auclerc, pour s'y perfectionner dans la pratique agricole ;
cela lui a si bien réussi, qu'il a été choisi pour cette
place, malgré son jeune âge ; autant que je puis en juger,
M. Tabouriau a bien profité de ses longues études agricoles.

La belle terre de la Villeneuve, s'étend sur environ

six cents hectares, dont deux cent trente sont loués à un fermier général.

L'ancien et beau château de la Villeneuve est situé sur une petite colline, d'où il domine une grande et fort belle vallée, parcourue par la Creuse et par d'autres petits cours d'eau. M. du Miral voulant profiter de la belle soirée de ce jour, c'était un dimanche, réunissait au moment de mon arrivée, les nombreux employés de la ferme-école, pour parcourir avec eux une partie de sa culture ; je l'accompagnai dans cette course intéressante. La culture de la ferme-école se compose de trois cent soixante-dix hectares, desquels il faut déduire, je ne me souviens plus combien de bois.

Le personnel de la ferme-école se compose du directeur, du sous-directeur, d'un comptable qui se trouve être le fils du fermier général, dont j'ai parlé ; d'un habile jardinier, d'un chef de pratique, que je n'ai pas vu, d'un irrigateur et draineur, venu d'Auvergne, ainsi que les deux chefs vachers, pays où M. du Miral a des propriétés.

M. le directeur m'expliqua son assolement que voici ; première sole, racine faite à la manière écossaise, c'est-à-dire en billons qui contiennent le fumier aggloméré, deuxième sole, froment ou seigle, le premier ne se sème que sur terre chaulée, troisième et quatrième soles, fourrages mélangés et cinquième sole, avoine. On va chercher la chaux par voiture, à huit lieues ; mais le chemin de fer l'amènera bientôt à Aubusson ; on en met de six à huit mètres par hectare.

Les racines étaient assez belles ; les billons étaient semés alternativement en betteraves et en carottes ; j'ai engagé ces messieurs à mêler ces semences sur tous les billons, ce qui les ferait produire davantage ; c'est ce que j'ai vu chez deux lauréats de prime d'honneur ,

M. Dargent, près Fécamp et M. Briot, près Quimper.

Nous avons visité les étables des deux fermes principales ; celle près la ferme-école, contenait cinquante vaches marchoises bien choisies et leurs élèves de l'année ; un jeune taureau et deux génisses durham, achetés chez le marquis de Montlaux, habitant la terre de Lyone, près Gannat, Allier, venaient d'y arriver ainsi qu'un veau mâle accompagné de neuf vêles âgées d'environ neuf ou dix mois, provenant de la ferme impériale de Vincennes, et ayant coûté pris sur place, 200 fr. la pièce.

La seconde vacherie. plus grande que la première, se trouve dans la seconde ferme ; elle contient un très-grand nombre d'élèves, de jeunes bœufs castrés, qu'on y conserve jusqu'au moment où on les dresse pour la charrue, et de génisses qui y restent jusqu'à leur premier vêlage.

Un grand troupeau est logé dans une troisième ferme ; il reçoit des béliers southdown ; on vient d'y ajouter vingt brebis charmoises, venues de la ferme-école des Hubaudières.

Je n'ai remarqué en instruments nouveaux, qu'une faneuse et son râteau, et des charrues Dombasle.

On a transformé deux fort grands étangs, en prés qui ont grandement besoin d'être améliorés.

M. du Miral fait planter dans divers lieux, des arbres verts pour former des abris, contre les vents violents et froids de la mauvaise saison ; je l'ai engagé à planter de préférence, des pins noirs d'Autriche qui sont très-touffus, et forment de beaux arbres. La porcherie se compose de croisements berkshire et craonnais.

Les anciens prés de la vallée, m'ont paru bien irrigués.

Cette terre appartenait pour moitié à Mme du Miral, et Monsieur a acquis l'autre moitié.

Les jeunes gens de cette ferme-école, au nombre d'une vingtaine, ne sont pas astreints à y passer trois années, comme cela a lieu dans les autres fermes-écoles.

M. Tabouriau qui avait affaire à Aubusson, m'y a reconduit le lendemain matin; il m'a dit entr'autres choses, qu'on avait grande peine à se procurer des hommes de journée, presque toute la population masculine, s'éparpillant sur les diverses parties de la France, et principalement vers Paris; ils y travaillent comme maçons; mais on a des femmes autant qu'on en veut; elles travaillent fort bien, en été pour 1 fr. 25 cent., et l'hiver pour 75 cent.

M. du Miral est très-actif; nous l'avons conduit à une assez longue distance en voiture; il nous a quittés pour visiter son fermier général, qui demeure assez loin du château; il devait y retourner à pied.

En route pour Montluçon, un monsieur monta dans le wagon où j'étais seul; je le questionnai sur la culture de ces environs; il m'apprit qu'il avait cultivé et drainé, une propriété qu'il possède près de Boussac; mais s'étant fixé à Néris, il s'occupe d'y ouvrir des rues, qui y manquent; il a acheté plusieurs champs qui touchaient la ville; il y a créé des chaussées, le long desquelles il vend des emplacements pour construire des maisons; cette spéculation lui réussit assez bien; après que nous eûmes causé quelque temps ensemble, il finit par me demander si je n'étais pas M. de Gourcy? Il avait passé un an à Grand-Jouan, et le même espace de temps à Grignon, où il avait lu plusieurs de mes voyages.

J'ai été obligé de passer plusieurs heures à Montluçon, en attendant le train qui devait me porter à la station de Vallon; il pleuvait à verse, et j'ai employé mon temps à mettre mes notes au courant.

Je suis arrivé assez tard chez M. Tabouet, excellent cultivateur que j'avais visité l'an dernier; mais il était

absent, ainsi que madame et leurs enfants ; heureusement, madame Lalande, mère de Mme Tabouet, qui demeure dans la même maison, eut la bonté de m'héberger
on ne peut mieux ; le lendemain de bonne heure, j'ai
visité les deux fermes, si bien cultivées par M. Tabouet.
J'y ai revu avec plaisir, le très-beau bétail de couleur
blanche, qu'il faut avoir dans ce pays, l'Allier et le Niver-
nais, pour pouvoir le bien vendre ; voici la manière de
s'y prendre, pour arriver à ce résultat : lorsqu'on veut
monter une bonne étable, sans mettre un trop grand
prix aux vaches charolaises, dont on garnit cette étable,
on parcourt les foires et on y choisit des bêtes convenables ; on leur donne un bon taureau durham blanc,
si c'est possible ; il est probable qu'il y aura parmi les
veaux, plusieurs veaux qui ne seront pas complétement
blancs ; on ne conservera que les génisses ; lorsqu'elles
seront en état de se reproduire, on leur donnera un taureau blanc prétendu charolais, quoique croisé ; cela produira, en grande partie, des bêtes blanches, dont les
veaux mâles seront probablement bien faits, à cause de
leur grand père durham ; ils se vendront avantageusement, comme reproducteurs charolais ; on vend au boucher les veaux mâles qui ne sont pas complétement
blancs ; on donne un taureau blanc à toutes les femelles,
jusqu'à ce que les bêtes s'éloignent trop du type durham,
on revient alors au taureau durham pour rendre les
bonnes formes, la précocité et les qualités lactifères ; on
recommence ensuite, avec un taureau blanc, à rendre
aux produits des femelles colorées, la couleur en vogue.

On a raison de faire ainsi ; car les bêtes blanches de
la prétendue race charolaise ou nivernaise, doivent leurs
principaux mérites aux taureaux durham ; elles se
vendent, même comme bœufs de travail et à poids égal,
infiniment plus cher que les bœufs limousins, salers,
poitevins et marchois ; tant les bœufs blancs sont devenus

à la mode, même dans une partie du nord de la France. M. Tabouet a dans ses deux fermes, une cinquantaine de bêtes à cornes, et une soixantaine de brebis croisées charmoises, qui reçoivent maintenant un bélier southdown ; les cochons sont des verrats berkshire, les volailles sont d'espèce crèvecœur.

Mme Lalande mère m'a dit que M. Tabouet et son beau-frère, M. Lalande qui cultive une ferme sur les bords du Cher, en terres d'alluvion, font venir par le canal une grande quantité de boues de la ville de Montluçon, qu'ils payent, rendues au port, 3 fr. le mètre cube.

Ils se servent avec grand avantage de la charrue à défoncement de Bonnet ; attelée de quatre bons bœufs, comme la Dombasle qui la précède, elle ramène un soussol argileux sur leurs terres sablonneuses. J'ai vu dans les fermes de M. Tabouet, une grande étendue de fort belles récoltes sarclées, qu'on était occupé à mettre en silos.

J'ai fait ensuite une visite à un autre propriétaire cultivateur de Vallon, M. Béguin ; il était sorti, mais en son absence, on m'a fait voir quarante-huit belles bêtes charolaises ; le taureau a été acheté chez le comte de Bouillé, ainsi que des béliers southdown, à partir d'une dizaine d'années, nouvellement une vingtaine d'agnelles du même troupeau ont été introduites ; M. Béguin vient de reconstruire à neuf de beaux et vastes bâtiments de ferme.

Il cultive cent hectares, dont vingt sont en luzerne et récoltes sarclées. Il a des cochons anglais, et fait venir, comme les deux cultivateurs précédents, beaucoup de boues de la ville de Montluçon.

Je vois toujours avec plaisir et bonheur, les nombreux exemples de bonne culture, qui deviennent chaque année plus communs en Berry ; ce pays sous ce rapport, dépasse beaucoup d'autres parties de la France, où les propriétaires dédaignent encore de s'occuper de culture.

J'avais dit il y a quelque temps, à un de mes amis, excellent cultivateur, qu'il rendrait un grand service aux cultivateurs qui lisent, en leur faisant connaître comment il était parvenu, par son bon jugement, sa grande activité, sa prudence et surtout sa persévérance, à augmenter d'une manière remarquable sa fortune, par l'agriculture.

J'avais ajouté que s'il voulait bien me raconter en abrégé, son histoire, et me permettre de la faire connaître à mes lecteurs, il me ferait grand plaisir, en me mettant ainsi à même d'être fort utile ; après quelques objections, il y a consenti, mais à condition que je ne ferais connaître que les lettres initiales de son nom ; voici ce que M. C. A. m'a raconté :

Son père habitait une petite ville, d'une province fort arriérée en culture ; il y a de cela, quarante et quelques années ; il possédait à quelque distance de là un domaine d'environ soixante-dix hectares et une habitation fort simple ; lui et les siens, sa femme, son fils et sa fille, venaient de temps à autre, y passer une huitaine de jours ; il avait alors vingt-et-un ans, et venait de finir ses études ; son goût pour l'agriculture était des plus prononcés, et n'était pas désapprouvé par le chef de famille ; une circonstance détermina ses parents à se fixer à la campagne ; pendant un de ces courts séjours qu'on y faisait, un voleur pénétra dans leur maison de ville ; il y enfonça les meubles, et emporta une couple de mille fr., et un certain coffret à madame, qui contenait son anneau de mariage, le cadeau d'un certain nombre de louis d'or, que d'après l'usage, le mari mettait dans la corbeille, ses bijoux, enfin ses petites économies ; cette perte chagrina si fortement la bonne mère, que la translation de la famille à la campagne se fit ; la maison de ville fut louée et l'est encore, la sœur fut mariée et se fixa à Paris ; cela engagea la mère à proposer à son mari de partager leur fortune en quatre parts, une pour chaque membre de la famille ; le père consentit, les parts se trouvèrent de 32,000 et quelques cents fr.

Lorsque le chef de famille mourut, la mère abandonna son avoir, composé de 108,000 fr., à ses deux enfants, moyennant pension ; ce fut un chiffre de 54,000 fr., à ajouter à la première somme reçue par mon ami ; sa première femme, mère de son fils unique, hérita de ses parents, longtemps après son mariage, de 200,000 fr., sa seconde femme, morte récemment sans avoir eu d'enfants, avait apporté 180,000 fr. qu'il a rendus à sa famille.

A mesure que mon intelligent ami disposait d'un capital, il achetait une ferme très-mal administrée, ce qui était alors et est encore maintenant des plus faciles à trouver dans son pays.

Mon ami défrichait les bruyères, les pâtureaux, et les mauvais bois de ses nouvelles acquisitions ; il marnait ou chaulait les terres, et drainait celles qui souffraient le plus de l'humidité, il faisait de l'argent avec les arbres qui n'avaient pas d'avenir ; il créait et irriguait des prés, il importa, à partir de 1839, d'abord des taureaux durham pour sa ferme, plus tard en 1855, il importa encore pour sa réserve des vaches durham, que son fils fut acheter fort cher en Angleterre, afin de les avoir de très-bonne race ; il mit d'abord dans ses métairies des taureaux croisés durham ; il finit par en mettre depuis chez ses meilleurs colons, la même chose se fit, pour les béliers qu'il prit dans la race charmoise ; il garnit ainsi ses métairies de bêtes perfectionnées ; il les ensemença des meilleures céréales, et fit cultiver des prairies artificielles, et des récoltes sarclées qui assurent la réussite du bétail perfectionné.

C'est ainsi que mon digne ami est parvenu, en quarante et quelques années, à transformer les deux sommes que lui ont données ses bons parents, et qui se montaient à 86,000 fr., en propriétés d'une valeur de 1,200,000 fr., dont lui et son fils jouissent. Si on défalque de ce capital les 200,000 fr. de dot de la mère de son fils, et les 86,000 fr. que mon ami a eus de sa famille, il reste 934,000 fr. qu'il a su gagner par ses longs travaux intelligents et persévérants, en même temps un bon nombre de familles de pauvres métayers, ont été amenées à une honnête aisance.

Le fils de mon ami est devenu, en suivant les bons exemples de son père, un excellent cultivateur, un bon mari, un bon père de famille ; il emploiera sa vie, comme son père l'a fait, à donner de bons exemples à un grand nombre de propriétaires, qui sont en position de faire comme eux.

Je suis rentré chez moi, à Pont-à-Mousson, pour y passer tranquillement mon hiver, et j'espère que Dieu me permettra de recommencer, pendant l'été de 1866, de nouvelles pérégrinations agricoles.

NOTES AGRICOLES

EXTRAITES

DES JOURNAUX AGRICOLES FRANÇAIS, ANGLAIS ET ALLEMANDS,

Commencé le 1er mars 1866.

La Société centrale d'Agriculture de Bonn, Prusse-Rhénane, avait établi en 1852, un magasin d'instruments d'agriculture, pour faire connaître aux cultivateurs de cette province, les bonnes machines et instruments agricoles qu'elle leur vendait au prix de revient ; mais les fabricants du pays se tenant au courant des bonnes inventions de ce genre, la Société vient de supprimer cet établissement, devenu inutile ; cette compagnie a importé dans le courant de douze années, dans ce pays, sans compter un grand nombre d'outils :

518 bonnes charrues ; 141 scarificateurs ; 177 herses anglaises ; 27 rouleaux Crosskill ; 40 semoirs ; 180 machines à battre ; 26 tarares ; 100 moulins ou concasseurs ; 270 hache-paille ; 135 coupe-racines ; 4 machines à faire des tuyaux de drainage ; total 1218 machines.

Voilà donc 1218 machines ou instruments répandus

16

parmi les cultivateurs de la Prusse-Rhénane, par l'inter-
vention de la dite Société, elle a aussi importé une
grande quantité de bonnes semences, entr'autres celle de
luzerne venue de France.

La société est parvenue à former d'autres sociétés
qui s'occupent de fournir aux communes de bons reproducteurs, en taureaux, béliers et verrats.

Cette société, par ses conseils, est parvenue à décider
un grand nombre de communes à former des réunions
connues sous le nom de casino, où se réunissent les
membres de ces associations pour s'entretenir d'agriculture.

Tous les maîtres d'école, ont été amenés à donner à
leurs élèves des leçons d'agriculture, des inspecteurs
versés dans les connaissances agricoles viennent dans les
communes interroger les instituteurs et leurs élèves ; et
pour contribuer ensuite à l'instruction des maîtres d'é-
cole, ces inspecteurs les réunissent à cet effet pendant
quelques jours dans une commune centrale.

La société paie des professeurs agricoles ambulants,
pour instruire les cultivateurs.

Il serait bien à désirer que le Ministre de l'Agriculture
de France, nommât une commission pour étudier les
travaux de la société centrale d'agriculture, dont le siége
est à Bonn, et à laquelle se rattachent beaucoup d'autres
sociétés existant dans les diverses parties de la province
rhénane de Prusse. Ces sociétés rendent d'immenses services en différents genres, mais surtout en travaillant de
leur mieux à l'instruction des petits cultivateurs du pays.

On est membre de ces sociétés, en souscrivant pour
trois ans à l'abonnement du journal de la société, qui
paraît chaque mois, et ne coûte qu'un thaler ou 3 fr.
75 cent. par an.

Serradelle, avec avoine et vesce de printemps.

On a adopté dans plusieurs localités de la Prusse-Rhénane, un mélange de fourrage qui réussit très-bien dans
les terres légères ; on sème ce mélange au printemps et
lorsqu'on a enlevé les vesces mêlées d'avoine, et consommées en vert ou en fleurs, alors la serradelle pousse et
donne un excellent fourrage vert ou sec. A la fin d'août,
la plante fleurit encore quoique la graine soit entrée en
maturité ; ce mélange donne donc deux bonnes récoltes
dans un été.

On est aussi satisfait du mélange de serradelle et de la
grande spergule. La sécheresse de 1864 et 1865 a amené
l'emploi des lupins jaunes qui commencent à être en
gousses, comme une excellente nourriture, même pour
les chevaux qui travaillent et se maintiennent en bon
état sans recevoir d'avoine.

Lupins.

On a cependant de la peine à décider le bétail des
diverses espèces à la consommation des lupins, à cause de
leur amertume ; on n'y réussit qu'en les privant de tout
autre nourriture. Cette plante qui a le grand mérite de
donner quatre à cinq mille kilos de fourrage sec, qui
contient de quinze à trente hectolitres de semences aussi
nutritives que les féverolles et qui réussit bien dans de
très-pauvres terres, après une récolte de seigle un peu
fumée, est encore un excellent préservatif contre la
cachexie des bêtes à laine et des bêtes bovines.

Plusieurs de ces sociétés agricoles de la Prusse-Rhénane, faisaient venir le guano et d'autres engrais du
commerce en gros, pour les céder aux petits cultivateurs
au prix de revient ; mais maintenant il s'est formé bien

des associations agricoles d'un certain nombre de communes, qui font ces achats en commun ; elles ont aussi acheté des machines à battre anglaises, qui battent les céréales de manière qu'il ne reste rien dans la paille ; ces machines rendent les grains parfaitement propres et partagés en trois sacs suivant leur qualité.

Quatre de ces associations de villages des environs de Trèves se sont procuré chacune une machine à battre munie d'une machine à vapeur. Des propriétaires de ce pays ont acheté des moissonneuses faucheuses, des semoirs et des rouleaux Crosskill. L'une a une machine à battre avec sa locomobile, et va battre dans les fermes. Deux de ces associations agricoles, ont fait venir chacune un wagon de sulfate de potasse de Stasfurt, vieille Prusse, pour en faire l'essai. Plusieurs communes ont fait de grands drainages, dans des marais communs, et en ont fait des prés qu'ils ont fait irriguer.

Il s'est aussi formé des associations pour la bonne culture du houblon, du chanvre et du lin ; un de leurs membres a été envoyé pour visiter les pays où ces cultures se font le mieux ; ce délégué est allé en Bohême, même jusqu'en Pologne prussienne à Proskau, et en á rapporté des plants des meilleures espèces de houblon, et des renseignements sur cette culture. Les sociétés font venir les meilleures semences de lin de Riga et celles de chanvre de Bologne, etc., etc.

La même chose a été faite pour la culture du tabac, dont on a fait venir des graines d'Amérique et de Hongrie.

La sériciculture, a aussi ses associations assez nombreuses et n'a pas eu dit-on à se plaindre de la maladie des vers à soie.

Beaucoup d'associations de banques agricoles se sont aussi formées, et le nombre s'en augmente chaque jour.

Il y a de ces sous-sociétés agricoles qui ont jusqu'à

six cents membres, et elles cherchent à se distinguer et
à se dépasser les unes les autres.

Un grand nombre de riches propriétaires se font gloire
de faire partie des associations agricoles.

Conseil d'ajouter des engrais de commerce au fumier.

On pense, dit l'article du journal d'où ceci est extrait,
que quarante mille kilos de fumier sont une des plus
fortes quantités qu'on puisse donner à un hectare destiné à porter du froment ; ces quarante mille kilos de
fumier ne contiennent que deux cents kilos de ce que
les Allemands nomment du kali qui, je pense, est de la
potasse brute, dont cent kilos de sulfate de potasse qu'on
vend en Allemagne pour fertiliser les terres, ne contiennent que quinze kilos de potasse brute. En suivant l'assolement quadriennal, betteraves, froment, orge et trèfle,
on enlève avec des récoltes moyennes, les quantités suivantes de potasse brute :

Pour 60,000 kilos de betteraves par
hectare. . . . . 340 kil. de kali.
Pour la récolte de 16 quintaux métriques de froment. 36
Pour celle de 20 quintaux d'orge. . 30
Pour celle de trèfle de 6,000 kilos en
foin. 126
                          ————
                           532

Les 40,000 kilos de fumier ne contenaient que . . . . 200 k. de potasse
Ces quatre récoltes ont donc enlevé
                          ————
à la terre cette quantité. . . . 332 k. de potasse
qu'il faudrait remplacer par l'emploi de 1,100 kilog.
de l'engrais qui se vend en Allemagne sous le nom de

sulfate de potasse ; mais comme le port en serait onéreux, il faudrait le remplacer par 350 kilog. de concentrirtes kalisalz, de Gussefeld.

On ajoute que 100 kilog. de fumier de ferme ne contiennent qu'un 1/2 kilog. de potasse brute, 100 kilog. de purin, 1 kilo 1/2, 100 kilog. de tourteaux, 1 kilog. 2/10, 100 kilog. de cendres de lignite, 1 kilog 1/10, cendres de bois, 15 kilog. 2/10, 100 kilog. de suie, 2 kilog. 1/2 de potasse, 100 kilog. de guano péruvien, 2 kilog. 1/2, 100 kilog. de guano de poisson 4 kilog. 9/10, 100 kilog. de vidanges, 3 kilog. 1/10, 100 kilog. de kalisalz cru, 8 kilog. 1/2, 100 kilog. de sulfate de potasse, 12 à 20 kilog. de potasse.

Le produit d'un hectare de pré étant de 5,000 kilog. de foin et de regain, ils enlèvent chaque année à la prairie, 140 kilog. de potasse.

Lorsque les prés sont inondés d'eau très-colorée, c'est une preuve qu'elle contient de l'argile en dissolution, cela leur rend de la potasse.

On peut dire que plus la terre est légère, et plus la potasse lui sera utile ; et plus la terre a porté de récoltes sarclées de vignes, de houblon, de trèfle et autres prairies artificielles, plus la potasse lui fera du bien. Les prés garnies de mousse et d'autres herbes misérables, seront singulièrement améliorés par l'apport de la potasse, de cendres, de suie, et en général des divers engrais connus, d'os pulvérisés, de mélange de nitrate de soude et de guano.

Voici le conseil que donne le journal pour connaître la quantité de potasse qui convient à votre sol : « Prenez, dit-il, un morceau de terre, partagez-le en petit champ de cinq ares chacun, semez sur la première parcelle 10 kilog de kali ou potasse et augmentez la dose sur chacune des parcelles suivantes de 10 kilog. de potasse, de manière à arriver à la cinquième parcelle qui aura eu

50 kilog. de potasse, et le produit des diverses semences que vous y aurez semées chacune sur un are, vous montrera quelle est la dose la plus convenable ; vous verrez aussi laquelle des plantes que vous avez semée se trouve le mieux de cet engrais.

On dit que les terres dans lesquelles poussent le chiendent le plus vigoureux, les plus beaux pas d'âne, les chardons, et bien d'autres mauvaises herbes très-vivaces, annoncent qu'il y a encore de la potasse à la surface, ou au moins dans le sous-sol.

Il s'est formé dans la Prusse-Rhénane, bien des fabriques d'engrais de commerce, ce qui peut prouver que la population en achète beaucoup, et ce qui montre aussi qu'ils doivent être bons, et pas plus chers qu'ils ne valent, Je trouve cependant que les prix sont en partie trop élevés ; on y trouve bien des espèces d'engrais. Voici les noms de quelques-uns, dans lesquels j'aurais plus de confiance : os pulvérisés à 24 fr. les 100 kilog., ce qui est trop cher, du superphosphate au même prix, le guano du Pérou 37 fr., guano de Backer, 22 fr. 25 cent. les 100 kilog., sulfate de potasse, *connu sous le nom de kalidünger*, contenant 20 pour 0/0 de kali que je traduis de potasse, un thaler ou 3 fr. 75 les 100 kilog., ou deux quintaux allemands. Cela se trouve dans la fabrique de Hofman et Couyl, à Mangerdorf, près Cologne.

Extrait d'une lettre de M. Bolzé.

M. Bolzé, propriétaire de plusieurs fabriques, telles que fabriques de sucre, d'alcool, d'huile, d'une grande fabrique de tuiles, briques de toute espèce, tuyaux, lavage de kaolin, etc., ce Monsieur cultive plus de deux mille hectares, dont la moitié lui appartient.

Il a fondé une école où il élève cent garçons depuis l'âge de quatorze à vingt ans, qu'il nourrit, loge et instruit à ses frais, pour en faire de bons et honnêtes ouvriers en tous genres. Ce magnifique établissement se trouve à Salzmunde, à trois lieues de la ville universitaire de Hallé, dans la province de Saxe prussienne, sur les bords de la Salz. Cette rivière navigable se jetant dans l'Elbe, permet l'exportation des denrées et produits manufacturiers de Salzmunde, soit à Prague soit à Hambourg, et ils emploient trente bateaux construits dans l'établissement.

M. Bolzé dis-je, me mande que l'extrême sécheresse de 1865 a fait plus ou moins manquer les récoltes dans son pays, et malgré cela les céréales y sont fort bon marché, ce qui est la suite d'une grande importation de grains de Hongrie et des bords du Rhin, que les chemins de fer ont transportés ; la province prussienne des bords du Rhin, a remplacé ses froments par ceux qu'elle a tirés de France.

Les semailles de l'automne dernier se sont faites dans la poussière, et ne promettaient pas de bonnes récoltes ; cependant la douceur de l'hiver les a bien rétablies.

M. Bolzé me dit aussi que depuis ma dernière visite en 1858, leur pays se couvrait de grandes fabriques de sucre ; il y en a maintenant vingt-cinq dans ses environs, sur une étendue de pays dont la population n'est que de 100,000 âmes.

Beaucoup de ces sucreries ont été formées par des associations composées par vingt, quarante ou soixante paysans, propriétaires ou fermiers de six à huit et dix mille morgen prussiens, dont l'étendue est de vingt-cinq ares.

Il ne leur faut, dit-il, que 100,000 thalers ou 375,000 fr. pour monter leur fabrique ; ils empruntent sur elle ce qui leur manque, pour la mettre en mouvement. Leurs cultures s'étendent donc sur cent cinquante à deux cent cinquante hectares, entre les mains des sociétaires ; cet état de chose a fait baisser le sucre non raffiné, à 37 fr. 50 cent. les 100 livres prussiennes, dont 1 kilogramme forme 1 livre 78.

On emploie maintenant depuis la découverte du doc-teur Frank à Stasfurt, près Magdeburg, beaucoup de sulfate de potasse pour fumer les terres. M. Bolzé a une machine à pulvériser les os, qui lui évite d'être trompé ; car les mélanges frauduleux ne sont que trop habituels dans ce genre de commerce ; M. Bolzé emploie toujours beaucoup de guano dans ses immenses cultures, mais il ne parle pas de nitrate de soude, beaucoup employé en Angleterre.

Il achète un grand nombre de chevaux français dans les prix de 55 à 60 louis d'or, qui sont bien meilleurs et plus forts, dit-il, que les chevaux allemands et danois, qu'on paie aussi cher.

Il ajoute qu'on fait aussi venir des reproducteurs mé-rinos de France ; cependant leurs toisons grossières com-parées à celles des mérinos allemands, font que beaucoup d'éleveurs leur préfèrent les béliers anglais, pour obtenir des moutons vendus à un an, de 35 à 40 fr. pour l'An-gleterre. Ce dernier croisement augmente chaque année. On élève aussi avec avantage diverses races de cochons anglais, qu'on tue jeunes ; on évite par là le fléau de la trichine, qui existe le plus ordinairement dans les vieilles bêtes, principalement dans les truies. Dans une petite commune peu éloignée de Salzmunde, plus de deux cents personnes sont mortes l'année dernière après avoir man-gé du cochon infecté de trichine. On évite ce terrible mal, en faisant cuire la viande de porc, ou en la faisant forte-ment fumer ou saler, et en tuant les porcs jeunes.

Toutes les semailles chez M. Bolzé se font en lignes et sont sarclées au moyen de machines anglaises. Il me raconte qu'il vient d'avoir la visite du prince royal de Prusse, avec la princesse, qui est fille de la reine d'An—

gleterre; ce jeune couple a voulu voir toutes les cultures et les manufactures.

M. Bolzé avait déjà eu l'honneur de loger le feu roi et son état-major pendant deux jours, lors d'une grande manœuvre. Le roi pour en suivre tous les mouvements, se tenait sur le haut d'une tour, que M. Bolzé avait fait construire exprès, sur une hauteur au bord de la Salz ; une partie de l'armée devait passer la rivière, pendant que l'autre voulait l'en empêcher.

Manière de traiter un troupeau de brebis, adoptée par un fermier écossais en 1866.

Voici un extrait d'une lecture faite par M. Davidson de Bladfort, au club d'Athy comté de Kildar en Ecosse.

On doit traire deux fois les brebis après le sevrage ; ce lait mêlé avec celui de vache fait d'excellent fromage. On tiendra le troupeau sur une maigre pâture, jusqu'à ce que les bêtes aient perdu leur lait. On les parquera ensuite sur un champ semé avec un mélange de vesce, de colza et de ray-grass d'Italie ; le parc doit être garni de doubles râteliers, qui recevront le fourrage fauché. Il y a des fermiers qui font placer le long de la prairie artificielle des claies en fer creux qui se tiennent debout ; les bêtes en passant leur tête à travers les barreaux, mangent ce qu'elles peuvent atteindre ; le berger avance ensuite les claies, de cette façon le parcage est plus égal et on évite le fauchage ou le piétinement du bétail qui fait perdre beaucoup de fourrage.

Le troupeau devra être tenu ainsi jusqu'au moment où les bonnes pâtures consommées par les agneaux, auront eu le temps de repousser suffisamment pour les brebis ; il est bien entendu que les agneaux d'abord, et ensuite leurs mères, auront été conduits de suite après la moisson sur les chaumes, pour y ramasser les épis tombés et consommer le peu d'herbe qui doit s'y trouver ; car les céréales étant semées en lignes séparées par huit ou dix pouces, ont été sarclées à la houe à cheval de Garrett. Cet instrument a autant de doubles petits contres, que de lignes semées en une fois par le semoir, semant le plus ordinairement de douze à quatorze lignes à la fois.

On doit faire parquer le troupeau de préférence dans les terres fortes, si on en a, pendant le temps chaud et sec ; de cette manière ces terres ayant été fertilisées par le parc, n'ont pas besoin de fumier, mais le parcage pourrait leur faire bien du tort, s'il faisait humide ; il faut que les brebis soient en bon état pour le moment de la lutte. Nous allons parler maintenant des agneaux.

On devra semer de la lupuline dans les froments qui devront porter l'année suivante des récoltes sarclées ; cette semence s'effectuera au moment du dernier sarclage du dit froment, ou un fourrage que les agneaux ou les brebis consomment à partir de la moisson jusqu'après les semailles du froment ; c'est alors que cette terre doit être labourée profondément, pour les betteraves et en même temps fumée, autant que possible, surtout les terres argileuses, qu'il faut bien éviter de labourer au printemps.

Des troupeaux devront aussi se succéder sur les trèfles et les herbages semés dans une autre partie des froments, qui devront être récoltés l'année suivante ; mais il faudra éviter de les serrer de trop près, ce qui gâterait les dits herbages.

Les anciens herbages ne conviennent pas aux agneaux après le sevrage, cela leur donne la diarrhée, et en fait périr quelquefois jusqu'à cinquante pour cent. Le fermier fera bien de faire chez lui, les semences dont il a besoin, elles seront plus sûres, et il ne gâtera pas alors sa récolte de foin, en la laissant trop mûrir afin d'avoir des semences, dans le fond de son grenier à foin.

Il faut prévenir les éleveurs que s'ils se servent de béliers tenus renfermés, et fortement nourris, sans leur laisser prendre de l'exercice, les agneaux seront faibles et délicats.

On devra faire manger aux agneaux à la fin de septembre et en octobre, des colzas semés en lignes à cet usage, des choux plus tard, et des navets hâtifs répandus sur leurs pâtures ; on fera bien aussi de couper des turneps pour les mettre dans leurs mangeoires au milieu des herbages, afin de leur apprendre à les manger, et d'éviter qu'ils ne viennent à maigrir en les changeant de nourriture.

Il est essentiel de ne faire manger les racines de diverses espèces, que lorsqu'elles sont arrivées à leur maturité, autrement ils auraient la diarrhée, ce qu'il faut soigneusement éviter, car c'est très-dangereux.

Il est essentiel lorsqu'on engraisse les bêtes à laine, de les faire lever plusieurs fois par jour, pour qu'elles vident bien leur vessie.

Ce brave M. Davidson, assure que tout ce qu'on peut faire de pis lorsqu'on élève des bêtes à laine, c'est d'acheter des béliers primés, qui peuvent être admirables, mais que leur excellente nourriture et leur graisse ont rendus impropres à la reproduction.

Plantation de choux pour le bétail.

On fera bien lors de cette opération, d'intercaler entre deux choux de grande taille séparés dans la ligne par au moins un mètre, d'en planter un des espèces hâtives entre les deux autres, qui devront être arrachés et consommés de manière à faire place aux grands choux.

Bonne machine à battre.

Dans un concours de machines anglaises à battre, celle de la fabrique de Clayton et Chutelworth de Lincoln, munie de ses derniers perfectionnements, a battu dans une heure 2,250 litres ou 22 hectolitres, 50 litres, partagés en trois qualités, parfaitement nettoyés. On avait attaché à la machine un petit moulin à semoule ou à gruau, qui a réduit le froment de rebut en une espèce de farine pour le bétail; il est bon d'ajouter, que ces moulins américains très en usage dans les fermes anglaises, ont pu moudre une bien plus grande quantité de grains que celui de mauvaise qualité qui se trouve dans un froment ordinaire.

Choux à vache.

Lorsqu'on plante des choux à vache ordinaires, on fera bien de planter entre cette espèce de grands choux séparés au moins par un mètre dans les lignes, une autre espèce plus précoce qu'on arrache lorsqu'ils sont près pour les consommer, cela fait que cette excellente nourriture pour bêtes bovines, ovines et cochons, dure longtemps.

Comice agricole de Thionville.

M. Gallois, juge de paix et président du comice de l'arrondissement de Thionville, qu'on pourrait surnommer le comice modèle, a prononcé un discours lors du concours agricole de ce comice en 1865, dont voici un petit extrait.

« Pour nous, Messieurs, nous devons maintenir les comices, les multiplier plutôt qu'en restreindre le nombre;

parce que, plus ils seront nombreux, plus ils seront en contact direct avec les populations agricoles, qui pourront mieux comprendre les besoins et les exigences du sol, augmenter leurs ressources, en les obligeant à supprimer les primes en argent qui presque toujours sont employées sans intérêt pour l'agriculture. Ces mêmes ressources pourraient être affectées à l'acquisition de primes en animaux reproducteurs, ou en instruments agricoles perfectionnés utiles, et capables de tenter nos agriculteurs grands ou petits. Voilà, Messieurs, le moyen le plus pratique peut-être de venir en aide à l'agriculture ; en agissant ainsi, on travaillerait au remplacement des bras qui nous manquent, par de bonnes machines, et on améliorerait grandement notre bétail.

« Le drainage a continué sa marche progressive, il n'est pas cinq communes de l'arrondissement, où il ne soit mis en pratique ; des irrigations modèles, l'une de vingt, l'autre de huit hectares, ont produit cette année si brûlante, de merveilleux effets.

« Le chaulage est tellement répandu, qu'il faut aujourd'hui le considérer comme une pratique acquise des plus utiles. »

M. Gallois dit qu'on a pu se convaincre, que depuis plusieurs années le bétail s'était singulièrement amélioré par le croisement durham ; « aussi ne sommes-nous pas étonnés, Messieurs, dit-il, si à côté des jeunes taureaux durham introduits encore cette année par le comice, comme primes, des propriétaires de l'arrondissement de Thionville, aient aussi importé cinq vaches ou génisses durham ; ce qui porte le nombre des durham inscrits au Herdboock français, existant dans notre arrondissement, au chiffre de vingt-sept ; cette amélioration ne date que de six ans.

« Nous avons aussi un petit troupeau southdown que M. de Gargnan a donné à son fermier, et le comice a encore importé un beau bélier de cette excellente race, de chez M. de Pourtalès pour le donner en prime.

« Sur vingt-cinq étalons approuvés dans le département de la Moselle, notre arrondissement en possède dix, et sur quatre étalons primés dans le département, il y en a deux de notre arrondissement.

« Tout en reconnaissant les services que nous a rendus la commission Messine, chargée de l'acquisition de chevaux, pour la reproduction, revendus par l'administration, nous ne pouvons nous empêcher de lui dire, que nous préférerions des étalons percherons ou boulonnais, à ceux de luxe ; les étalons qui nous conviennent le mieux pour nos travaux, devraient être choisis en dehors des primes accordées par les haras.

« Nous demandons le maintien d'un comice par arrondissement ; l'abolition de toute prime en argent dans ses concours, excepté celles qui sont destinées aux ouvriers agricoles, la suppression des allocations plus fortes, pour être distribuées en bons reproducteurs et en machines agricoles les plus utiles.

« Comme seule modification au système actuel, nous demanderions un concours agricole départemental tous les sept ans, avec fortes primes, ayant lieu deux ans avant le concours régional, pour bien préparer le département à ce concours.

« Comme moyen d'action et de succès, selon nous indispensable, nous recommanderions aux comices, les visites agricoles qui seules, peuvent mettre un comice en relation directe avec les cultivateurs, et leur permettre de suivre et de développer leurs progrès. »

Voici quelques prix des plus remarquables, distribués à ce concours, qui change chaque année de place : deux jeunes taureaux durham portés sur le Herdboock français, deux rouleaux squelettes du poids de 500 kilog., des rouleaux Crosskill eussent mieux valu selon moi,

une charrue fouilleuse, trois semoirs brouettes ; des semoirs à cheval, à trois lignes, pour froment, féverolle
ou racine, modèle anglais, vendu 120 fr. par M. Bodin
de Rennes, eussent été plus utiles ; enfin trois coupe-racines, donnés à trois cultivateurs, dont l'un avait amené
un taureau durham.

On a encore donné dans ce concours une charrue à
butter, au comte d'Hunolstein, pour un lot de vaches
Suffolk sans cornes, et une auge à cochon en fonte ;
ensuite un cultivateur qui avait présenté une génisse
durham-suisse, a reçu comme prix un bélier southdown
de pur sang, trois barattes, deux coupe-racines, deux
herses, l'une de Valcourt, l'autre articulée, trois houes à
cheval et trois butteurs. Enfin une somme de 1,500 fr.
a été partagée entre neuf belles juments ou pouliches.

On a nommé ensuite les cultivateurs les plus méritants
du canton de Metzerville, où se tenait le concours ; voici
leurs noms : M. Lorrain de Neudlange, M. Scherer de
Kirsh les Luttange, et M. Moreau de Guénange. Le comice a visité avec un grand intérêt, les beaux bâtiments
d'exploitation de la ferme de Sainte-Eugénie. Il a admiré
les belles récoltes de MM. Eternacht et Archen, il a cru
voir dans ces fermes encore récentes, des cultivateurs ri-
vaux, qui doivent stimuler les efforts de leurs devan-
ciers.

Notes sur les travaux du comice de Thionville,
de 1846 à 1865.

Depuis 1846, le comice agricole de Thionville ne donnait en primes que des médailles d'or, d'argent, de
bronze, ou bien des sommes de 20 à 100 fr., cet argent
était dépensé en partie et souvent au delà, sur le lieu
même de la fête, les médailles étaient devenues tellement nombreuses, que nos cultivateurs n'y attachaient

plus aucun prix; ils venaient au concours du comice comme de véritables promeneurs, donnaient leur démission comme membres du comice, et laissaient tomber par leur non-participation, une institution fondée dans leur intérêt.

Depuis 1858, le comice agricole a cessé de donner des primes en argent, il les a remplacées par six scarificateurs, treize coupe-racines, vingt-deux houes à cheval, six charrues à sous-sol, neuf herses articulées, cinq semoirs à brouettes, cinq trieurs, cinq butoirs, deux rouleaux squelettes, chacun du poids de 550 kilog., quinze barattes, un hache-paille Dombasle, un concasseur, et beaucoup d'autres instruments d'un moindre prix; le comice a aussi donné onze taureaux pur sang durham, sept verrats anglais, cinq béliers pur sang southdown, et tous les jours depuis 1858, nous voyons revenir à nos concours non en curieux, mais en concurrents sérieux, les membres qui nous avaient quittés.

Une autre conséquence directe de ce nouvel emploi des fonds, c'est que si le comice a dépensé 7,000 fr. en reproducteurs d'excellentes espèces, et 10,000 fr. en instruments, on doit reconnaître que ces dépenses ont déterminé des cultivateurs de l'arrondissement, à acheter pour plus de 6,000 fr. d'instruments et pour plus de 8,000 fr. d'animaux des mêmes espèces, que ceux qui ont été donnés en primes par le comice. A quels résultats le comice serait-il arrivé, si au lieu de 2,500 fr. par an, il avait pu disposer d'une somme double, triple ou même quadruple? Sans l'influence du comice agricole, les résultats relatés ci-dessus, seraient-ils obtenus?

Concours de bétail gras à Metz le 20 mars.

Ce concours qui avait lieu pour la première fois à Metz, n'a pas été trop mal pour un commencement, à peu près comme celui de Nancy, excepté que le département de la Meurthe a contribué au concours de Metz, en y envoyant vingt-cinq lots, tandis que celui de la Moselle n'en avait envoyé que deux à Nancy.

Le nombre des lots exposés avant-hier, était de soixante-quinze. Il y avait 29 bœufs, 21 vaches, 14 bêtes croisées durham, 10 lots de 10 moutons chacun, parmi lesquels 2 de bêtes de moins d'un an, et 12 bêtes porcines. Le Ministre d'agriculture fournissait 36 primes, se montant à la somme de 9,125 fr., la ville de Metz donnait 14 accessits d'une valeur de 1,395 fr., et le comice de Metz en ajoutait 11 autres, se montant à 605 fr., la somme totale s'est élevée à 11,120 fr. M. Pargon fermier à Salival, qui a obtenu la prime d'honneur du concours régional de la Meurthe il y a quelques années, avait exposé deux bœufs, deux vaches croisées durham, trois lots de moutons croisés southdown ou dishley, avec des brebis communes, mais il y a de cela plus de dix ans.

Il montrait là de très-belles bêtes parfaitement grasses, qui paraissaient arriver d'Angleterre; le premier de ces lots formé de southdown âgés d'un an, pesait 630 kilog. ce qui fait une moyenne de 63 kilog. poids vif.

Le seul concurrent de M. Pargon, pour les jeunes moutons ou pour bien dire, antenais, était M. Rollet, maire de Thyaucourt, ses bêtes n'avaient que onze mois, et pesaient 581 kilog. ou 39 kilog. de moins; le poids moyen de ces bêtes de race charmoise, un mois plus tard, eût égalé celui du lot de Salival; M. Rollet n'a eu que le second prix de 300 fr.

Le second lot de moutons de M. Pargon, était des southdown âgés de vingt-quatre mois, pesant 800 kilog., ils ont eu aussi le premier prix de 400 fr. de leur catégorie; le troisième lot de M. Pargon était en moutons croisés dishley, âgés de trente-trois mois, leur poids était de 880 kilog., ou quatre-vingt-huit kilog. par tête, on ne leur a pas rendu justice, en ne leur donnant qu'une mention honorable avec 150 fr., ils méritaient comme les deux autres lots, le premier prix de cet âge ; mais le jury aura trouvé que M. Pargon avait remporté trop de premiers prix, car il a eu pour sept lots exposés par lui, cinq premiers prix et deux mentions, très-honorables assurément, en tout 2,550 fr. Il allait envoyer à Poissy son jeune bœuf croisé durham, âgé de trente-deux mois qui venait de remporter le premier prix de 700 fr., dont le poids était de 615 kilog., et une très-belle vache croisée durham et holland, venant de remporter le premier prix de 400 fr., âgée de sept ans, son poids était de 833 kilog.; M. Pargon a, outre le grand mérite d'avoir si bien engraissé ses bêtes, celui de les avoir toutes élevées.

M. Karcher, boucher à Pont-à-Mousson, vient après M. Pargon, pour le mérite de cette exposition, à laquelle il a exposé deux bœufs, une vache et dix moutons métis mérinos, âgés de vingt-quatre mois, et ne pesant que 594 kilog., ayant le double d'âge des croisés southdown de M. Pargon, pesant 630 kilog. à un an, ou 36 kilog. de moins, et qui comparés au lot de vingt-quatre mois en southdown de 800 kilog., les métis mérinos pesaient 206 kilog. de moins, ou par tête, 20 kilog. 600 grammes de moins que les croisés southdown du même âge. M. Karcher a eu le second prix de 600 fr., pour un bœuf croisé durham, âgé de quarante-trois mois, et pesant 791 kilos. Il a eu 150 fr. d'accessit pour un énorme bœuf croisé suisse, âgé de six ans, ayant été engraissé pendant deux ans ; il pesait 1,065 kilog. et n'était pas très-gras ; une preuve de plus, qu'il vaut mieux engraisser des croisés durham. Il avait exposé une fort jolie vache hollandaise, âgée de six ans, pesant 720 kilog., mais n'a obtenu que 150 fr. de mention honorable ; elle méritait mieux. M. Karcher a eu quatre primes se montant à la somme de 1,200 fr.; s'il n'eût engraissé que des bêtes croisées anglaises, il est probable qu'il eût presque doublé la somme.

M. Ory, boucher et engraisseur à Pont-à-Mousson, a exposé un bœuf de six ans, pesant 1,090 kilog., un autre bœuf de six ans du poids de 886 kilog., un troisième bœuf de six ans pesant 823 kilog., il a eu trois primes montant à 400 fr. M. Radouin cultivateur et éleveur à Rémennecourt, Meuse, a exposé sept bœufs, dont cinq élevés par lui, qui dépassaient le poids de 740 kilog.; il n'a eu que deux primes de 300 et de 100 fr. Cet accessit de 100 fr. lui a été donné par la ville pour une bande de cinq bœufs, qu'il a élevés et pour lesquels le jury n'a rien donné. Un petit bœuf de race femeline était admirable, c'est lui qui a eu la prime de 300 fr.

Si M. Radouin avait acheté dans son département un taureau durham de M. le baron de Benoist, il y a quelques années, il eût été plus satisfait de ce concours.

M. Lapointe de Maizerie, grand propriétaire et cultivateur, dans ses deux belles terres, aurait mieux fait d'acheter un bon taureau durham, il y a cinq ou six ans, plutôt que d'aller chercher en Allemagne, deux bœufs de la race du Glan, pesant à eux deux, 1,700 kilog., qu'il a payés fort cher, dont un seul a bien fait, et pour lesquels il n'a reçu que deux fiches de consolation : l'une de 175 fr. de la ville, l'autre du comice de Metz, de 80 fr., et je suis persuadé qu'il ne rentrera pas dans ses frais, en revendant ses deux bœufs allemands.

J'ai regretté de voir neuf jeunes vaches ou génisses, dont deux pures durham de trois ans et trois ans sept mois, engraissées parce qu'elles n'étaient pas devenues pleines; huit de ces bêtes durham ou croisées, venaient des environs de Thionville, les deux plus vieilles de ces belles bêtes croisées, n'avaient que six ans. Lorsqu'on a tant de peine à se procurer des durham et des croisés

durham, qu'on paye fort cher, on ne doit pas s'en défaire si vite, parce qu'elles ne sont pas devenues pleines
en bonne saison.

J'ai aussi remarqué que les cultivateurs des environs
de Thionville, qui ont des taureaux durham de pure race,
les engraissent une fois âgés de trois ans, comme on le fait
des taureaux du pays. Ils prétendent qu'ils sont devenus
trop lourds. Je leur dirai qu'en Angleterre où l'on paie
les taureaux durham fort cher, on s'en sert le plus longtemps possible, lorsqu'ils ont bien produit; j'en ai vu
qui avaient plus de dix ans et qui faisaient encore bien le
service; pour les empêcher de devenir trop lourds et
raides, on les attèle à une voiture pas trop lourde, avec
laquelle ils font de petites approches autour de la ferme;
ils vont chercher du fourrage vert, mais on a soin de ne
pas les fatiguer.

Toutes les bêtes croisées durham, ont obtenu au moins
une petite prime. Voici les poids auxquels elles étaient
arrivées, à trente-deux mois, 634 kilog, une durham femeline, une durham pure pesait à trois ans 564 kilog.,
à trois ans sept mois, une autre durham pure, 698 kilog.,
à trois ans sept mois, une durham hollandaise, 505 kilog.,
à quatre ans onze mois, une durham suisse, 660 kilog.,
à cinq ans neuf mois, durham croisée, 668 kilog., à six
ans un durham croisé, 636 kilog., à six ans une durham
et Glan, 644 kilog., à six ans et trois mois une durham
lorraine, 581 kilog.

Il faut un commencement à tout, et nous espérons que
les concours régionaux et les concours de bétail gras,
avec les bonnes primes qu'on y distribue, amèneront
une partie des bons cultivateurs qui n'ont fait, jusqu'à
cette heure, qu'engraisser du bétail, à se décider à en
élever. Ils feront d'autant mieux, que les prix de la
viande vont depuis fort longtemps en augmentant. Il est
certain aussi, que les immenses pertes de bétail que la

peste bovine occasionne en Angleterre, en Ecosse et en Hollande, feront énormément monter le prix du bétail, surtout une fois que cette terrible peste aura cessé dans ces malheureux pays.

Ce qui est positif, c'est qu'à ce concours de bétail, des cultivateurs ont amené des bêtes, qui ne commençaient qu'à bien se remettre en état, pour prendre la graisse ; et il y en avait fort peu qui fussent bonnes pour être présentées à un concours de bêtes grasses. Ce sont ces concours qui ont appris aux cultivateurs de la Grande-Bretagne, à savoir choisir les races de bêtes les plus profitables pour l'élevage, et ensuite pour l'engraissement. J'espère que nous les imiterons avec le temps.

M. Van-der-Colm me mande de Dunkerque, qu'il a engraissé trois bœufs, dont un a remporté le troisième prix au concours des bêtes grasses à Amiens.

Il les tenait sur un trèfle depuis le 15 avril 1864, au 10 octobre, puis à l'étable jusqu'au 20 mars, en mangeant de la pulpe, du foin et des tourteaux ; leur fumier d'hiver a été employé sur un hectare de prairie artificielle, semée au printemps de 1864, sur lequel il a fait pâturer des bœufs nouveaux. Les soixante-dix ares pâturés en 1864, ont donné en 1865, 39,840 kilog. de betteraves, et on a semé du froment sans autre fumure que celle qui a été mise en hiver sur la jeune prairie artificielle. M. Van-der-Colm adopte cet assolement triennal ; il a d'excellentes terres fortes, qu'il a bien drainées. Son climat est humide. Un avantage de cet assolement, c'est d'exiger peu de main d'œuvre ; je pense que les bêtes sont tenues sur le pâturage attachées par une corde à un piquet, et on allonge la corde lorsque les bêtes ont mangé toute l'herbe qu'elles peuvent atteindre ; je crois que si l'on tenait les bœufs à l'étable en leur donnant l'herbe fauchée, passée au hache-paille, et avec cela du tourteau, ou des farines, on les engraisserait parfaitement en quatre ou cinq mois, au lieu d'avoir à les nourrir pendant une année entière.

M. Bodin des Trois-Croix, près Rennes, se sert avec le plus grand avantage, de deux faneuses Howard ; il cultive maintenant quatre-vingt-quinze hectares sur lesquels il y a beaucoup de prés.

Il paie près de 14,000 fr. de loyer. Il a maintenant six machines à vapeur locomobiles, faites par Garrett et Ransome, avec lesquelles il bat tous les grains des environs de Rennes, mais il ne me fait pas connaître ses prix de battage.

FIN.

TABLE DES MATIÈRES

ERRATA.

Pages   3, bleue, *lisez* bleu.

12, tout âge, *lisez* tous âges.

19, saint Iugbert, *lisez* saint Ingbert.

29, est plus sucré, *lisez* sont plus sucrés.

58, nous rendre à la station, *lisez* à une station.

76, pied vif, *lisez* poids vif.

103, d'immenses amas de cendres et de charbon de terre, *lisez* amas de cendres de charbon de terre.

204, la Saulais, *lisez* la Saulçaie.

233, marquis de Montlaus, *lisez* de Montlaur.

252, autrement ils auraient, *lisez* ils donneraient.

Angers, imp. P. Lachèse, Belleuvre et Dolbeau.

VOYAGE AGRICOLE en [...] France, un volume [...]

SECOND VOYAGE AGRICOLE en [...] en Hollande [...] établissements français, un vol[...]

[...] d'un voyage agricole dans l'Ouest, le [...] de la France et dans le Nord de l'Espagne.

PROMENADES AGRICOLES en France.

RELATION d'un voyage en Angleterre et en Écosse [...]

JOURNAL du second voyage en Angleterre et en Éc[osse...]

TROISIÈME VOYAGE AGRICOLE en Angleterre et en Éc[osse...]

ITINÉRAIRE destiné aux cultivateurs du continent [...] connaître l'agriculture anglaise et écossaise [...]

Notes extraites de journaux agricoles anglais et allemands [...]

VOYAGE AGRICOLE en France, Allemagne, Hongrie, [...] Belgique.

PÉRÉGRINATIONS AGRICOLES en France.

VOYAGE AGRICOLE dans l'intérieur de la France.

DEUXIÈME VOYAGE AGRICOLE en Allemagne, Prusse, [...] et Belgique.

VOYAGE AGRICOLE en France, dans les Pyrénées et le Midi [...]

QUATRIÈME VOYAGE en Angleterre et en Écosse, ainsi qu'en [...] Normandie et dans le Nord de la France.

VOYAGE en France et en Suisse [...]

CINQUIÈME VOYAGE AGRICOLE en [...]magne, Bade, Wurtemberg, Bavière, Bohême, Saxe, bords du Rhin et Belgique.

VOYAGE AGRICOLE en Normandie, dans la Mayenne, [...] dans l'Anjou, la Touraine, le Berri, la Sologne et [...] Tours.

VOYAGE AGRICOLE en Prusse, Hollande, Belgique et dans une partie de la France.

VOYAGES AGRICOLES en France et en Angleterre.

VOYAGES AGRICOLES en France, Belgique, Hollande et sur les bords du Rhin.

9 782013 021661